KB028709

처음 떠나는
시공간 여행

Published in the French language originally under the title:
Voyage au coeur de l'espace-temps

© 2021, Éditions First, an imprint of Édi8, Paris, France.

Translation copyright © 2023 Book's Hill Publishers Co., Ltd.
This edition was published by arrangement with Icarias Agency.
All rights reserved.

이 책의 한국어판 저작권은 Icarias Agency를 통해 Editions First와 독점 계약한
(주)도서출판 북스힐에 있습니다.
저작권법에 의하여 한국 내에서 보호를 받는 저작물이므로 무단전재 및 복제를 금합니다.

처음 떠나는
시공간 여행

스테판 다스콜리·아르튀르 투아티 지음
손윤지 옮김

 북스힐

차례

우리의 조부모,
클로드로즈 투아티와 레몽 아리스를 기억하며

여행에 앞서

"부디 인정하길 바란다. 자연은 부조리하다는 것을."

리처드 파인먼(Richard Feynman, 1918–1988)

여행으로의 초대

하늘의 별을 세고, 별이 반짝이는 이유를 궁금해하고, 무지개 색깔로 빛을 내는 비눗방울에 감탄하고, 하늘에 번개가 치고 몇 초 후 들리는 천둥소리에 놀라고……. 당신의 어린 시절 추억 속에는 이렇게 신비하고 이해할 수 없던 순간들이 있었을 것이다. 우리는 자라면서 자연을 관찰하고 이해하면서 자연현상에 익숙해진다. 물리학자의 활동도 크게 다르지 않다. 타고난 모험가로서, 그들은 어릴 적부터 가졌던 세상을 향한 호기심에 몸을 맡긴다.

하지만 물리학자의 탐구에는 신중함이 깃들어 있다. 틀린 방향으로 가는 길은 다양하다. 우리가 현실에서 실제로 인식하는 것과 과학적인 탐구에서 배우는 것이 종종 매우 다르기 때문이다. 지구를 둘러보기 전까지 지구가 둥글다는 것을 어떻게 상상할 수 있을까? 공기 중에 무수한 입자들이 가득하다는 사실을 눈으로 보지 않고서 어떻게 알 수 있을까? 우주의 기원을 찾기 전에 어떻게 우주를 관찰할 수 있다고 상상할 수 있을까? 과학철학자 가스통 바슐라르Gaston Bachelard의 말을 되짚어 보면 물리학은 우리의 뇌와 "다르게" 사고하도록 하여, 반대되는 생각과 그 증거가 우리의 머릿속에 공존하게 하는 학문이다.

자유 낙하야말로 대표적인 예다. 우리는 일상 속 경험을 통해서 무거운 사물일수록 떨어지는 속도가 빠르다는 사실을 믿도록 유도된다. 아무 문제가 없어 보이지만 오해의 소지가 있는 이 현상이 과학 역사상 가장 아름다운 모험의 시작을 알린다. 바로 상대성 이론이다. 당신은 이 책을 통해서 시대를 초월하여 항해하고, 우주에서 가장 이국적이고 낯선 장소들을 탐험하며 상대성 이론의 신비함을 발견하게 될 것이다. 상상력을 발휘하고 감탄할 준비를 하자. 우주를 지배하는 기이한 원리를 감상하기 위해 당신에게 꼭 필요한 것들이다.

이 책에 관하여

이 책의 목적은 가능한 한 간단하고 단순한 말로 상대성 이론을 설명하고, 상대성 이론이 답한 핵심적인 질문들과 아직까지 해결되지 않고 남아 있는 화두를 제시하는 것이다.

이 책은 크게 네 부분으로 나뉜다. 처음 두 장에서는 상대성 이론의 핵심이라고 할 수 있는 특수 상대성 이론과 일반 상대성 이론에 대해 소개한다. 나머지 두 장에서는 상대성 이론의 발견으로 거둔 과학적 성과를 소개한다. 우주와 그 역사에 관한 이해, 블랙홀과 중력파와 같은 상상할 수 없는 현상의 발견에 대해 알아볼 수 있을 것이다.

시공간의 개념과 왜곡 현상, 입자 물리학부터 파동 물리학까지 상대성 이론의 기원과 결과를 낱낱이 파헤치기 위해서는 많은 도구가 필요하다. 이 모든 도구는 여행을 하는 동안 하나씩 천천히 소개될 것이며, 다양한 그림과 도표가 설명을 더욱 명확히 해 줄 것이다.

우리는 결코 하루아침에 탄생하지 않은, 많은 과학자들의 업적이 쌓여 만들어진 '살아 있는' 이론으로서의 상대성 이론을 설명할 것이다. 이는 독서의 즐거움을 더하는 것을 넘어 인류와 역사의 맥락에서 과학적 발견이 갖는 의미를 찾고, 확실하고 조화로운 이야기만큼이나 불편한 논란과 망설임도 있음을 보여 주는 것이 모든 과학 이야기의 주된 과제임을 믿기 때문이다.

그러나 이 책의 독자인 당신이 이 모든 이야기 속의 많은 인물들에게 압도되어서는 안 된다. 이 이야기의 진짜 주인공은 당신이기 때문이다. 상대성 이론이 갖는 때로는 불편한, 하지만 언제나 충격적인 사실을 마주하면서 당신은 진정한 과학적 경험을 하게 될 것이다. 그러므로 부디 이 책의 이야기를 당신의 것으로 만들고, 질문하고, 가끔은 이해할 수 없는 것과 의심스러운 것도 수용하기를 바란다. 아무런 위험 없는 승리는 영광 없는 승리와 다를 바 없다. 명쾌하기만 한 현실은 무미건조할 테니 말이다.

즐거운 독서, 아니, 즐거운 여행이 되기를 바라며!

첫 번째 여행

시공간의 혁명

> "사람들은 시간이 소중하다고 말한다.
> 그렇다면 그 값어치는 얼마일까?"

알베르트 아인슈타인(Albert Einstein)

자연을 이해하는 과정에서는 섣불리 결론을 내리지 않는 편이
좋다. 켈빈 남작은 이 사실을 누구보다 잘 알고 있었다. 영국
의 물리학자이자 절대 온도의 단위로 그 이름을 영원히 남긴
켈빈 남작은 영국왕립학회 연설에서 청중에게 이렇게 말했다.

* * *

> "물리학의 푸르고 맑은 하늘에는 진리를
> 가리는 두 개의 먹구름이 떠 있습니다."

* * *

그들만의 확신에 사로잡혀 있던 청중들은 고전 물리학, 그러
니까 그들이 구축한 물리학이 붕괴 직전에 있다는 사실을 짐
작조차 하지 못했다. 두 개의 '먹구름'이 거의 동시에 거대한 두
폭풍우가 되는 데에는 5년의 시간과 청년 알베르트 아인슈타
인의 천재성만으로도 충분했다. 현대 물리학의 위대한 두 가
지 이론이 시작되는 순간이었다! 첫 번째 이론은 무한히 작
은 세계를 설명하는 양자 이론이고, 두 번째는 우주와 시간
과 중력의 성질을 밝히는, 이제 곧 당신이 발견하게 될 상대
성 이론이다.

첫 번째 여행에서는 한 걸음 뒤로 물러서서 20세기 초에 벌어
진 과학적 충격을 야기한 것이 무엇인지 이해하기를 바란다.
갈릴레이와 함께 고전 물리학이 탄생한 17세기부터 뉴턴의 발
견과 함께 과학사의 황금기가 열린 18세기, 첫 번째 '먹구름'이
고전 물리학을 뒤흔든 19세기와 아인슈타인의 발견으로 대혼
란이 일어난 20세기 초까지 시간을 거슬러 올라가 고전 물리
학의 길을 되짚어 보고, 진리를 찾아내고자 고군분투하는 현
대 물리학으로 방향을 전환하게 된 경로를 추적해 보자.

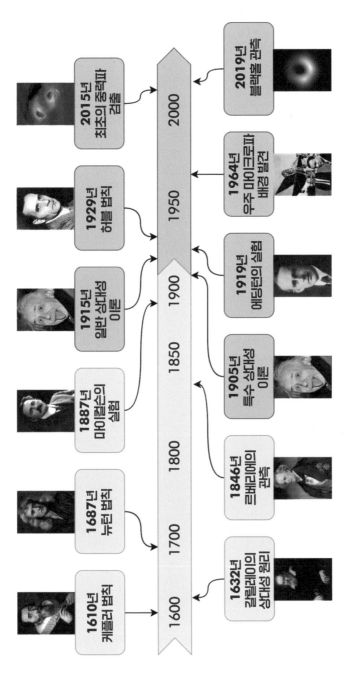

상대성 이론에 관한 역사적인 순간들. 노란색에서 붉은색으로의 변환은 1905년 아인슈타인의 발견을 기점으로 고전 물리학에서 현대 물리학으로 전환되었음을 의미한다.

CHAPTER

1

고전 물리학

예언적 선구자, 갈릴레이
뉴턴의 세계
빛의 모호한 성질
에테르라는 신기루

예언적 선구자,
갈릴레이

우리의 여행은 르네상스 시대 말기의 이탈리아 피사에서 출발한다. 갈릴레이의 명석함은 바로 이곳 피사에서 고전 물리학을 탄생시킨다. 그의 이름을 잘 기억해 두도록 하자. 토스카나 출신의 이 학자는 근대 정밀과학의 창시자일 뿐만 아니라 아인슈타인보다 3세기 앞선 시대에 상대성 원리를 예측한 선구자다.

깃털과 돌

아주 유명한 질문이 있다. 창밖으로 깃털과 돌을 던졌다. 무엇이 먼저 땅에 떨어질까?

당연히 돌이다! 돌은 빠른 속도로 낙하하며 땅에 떨어져 부서지겠지만, 깃털은 하늘하늘 우아하게 날며 거의 가속이 붙지 않는 듯이 떨어질 것이다. 당신은 어떻게 생각하는가? 언뜻 보기에는 분명 무거운 물체가 가벼운 것보다 빠르게 떨어지는 듯하다. 위대한 고대 철학자 아리스토텔레스BC384-322는 이렇게 말했다. "물체가 낙하하는 속도는 질량에 비례한다."

우리가 일상생활에서 아주 쉽게 관찰할 수 있는 현상을 매우 단순하게 설명한 이 말은 이후 2000년 동안 수많은 철학자와 물리학자의 관심의 대상이 되었다. 아마 지금 이 책을 읽고 있는 당신도 마찬가지일 것이다. 이 설명은 16세기 영국의 신학자 **오컴의 윌리엄** William of Ockham의 이름을 딴 '오컴의 면도날'로도 알려진 추론 법칙과도 상응한다. 어떤 현상을 설명할 때, 논리적으로 '제거'할 것이 많은 복잡한 설명보다는 단순한 설명이 더 좋다는 법칙이다. 하지만 이것이 무슨 의미인지 이해하고 있을 당신은 곧 자연 현상이 이러한 법칙을 거의 따르지 않는다는 사실을 깨닫게 될 것이다.

갈릴레이의 직관

자유 낙하의 경우, 아리스토텔레스의 주장은 소위 **사고 실험**이라는 것에 의해 불합리하다는 것을 쉽게 알 수 있다. 당신이 친구와 함께 비행기에서 뛰어내린다고 가정해 보자. 떨어지는 친구를 손으로 붙잡으면 당신도 친구와 동일하게 떨어지는 상태가 되고, 질량은 두 배가 될 것이다. 아리스토텔레스의 말대로라면 당신과 친구는 두 배 더 빠르게 낙하해야 하지만, 당연히 틀렸다!

이 사고 실험은 바로 **갈릴레오 갈릴레이**_{Galileo Galilei, 1564-1642}가 16세기 말에 고안한 것이다. 스카이다이버들과 함께 실험한 것이 아니라 그가 태어난 이탈리아의 도시, 바로 피사의 사탑에서 끈으로 묶은 돌을 떨어뜨려서 말이다. 코페르니쿠스의 지동설을 열렬히 지지하던 갈릴레이는 선대 과학자들처럼 쉽게 믿음을 갖는 사람이 아니었다. 그는 자유를 빼앗기더라도 경전에서 규정하는 법칙들에 도전하기를 주저하지 않았다. 자유 낙하에 대한 갈릴레이의 혁신적인 직관은, 실제 자유 낙하하는 물체의 속도가 질량과 무관하다는 것이었다.

그렇다면 깃털은 왜 돌보다 훨씬 느리게 떨어질까? 정답은 단순하다. 깃털이 정말로 자유 낙하하는 것이 아니기 때문이다. 원인은 깃털의 넓은 표면적에 작용하는 중력이 아닌 다른 힘, 바로 **공기 저항**에 있다. 이 힘은 돌처럼 밀도가 높고 표면적이 적은 물체에는 거의 영향을 미치지 않는다. 만약 강력한 진공청소기로 모든 공기를 제거한 뒤 밀폐한 진공 실내에서 떨어뜨린다면 깃털은 돌과 동일한 속도로 떨어질 것이다.

사고 실험, 또는 현상을 생각하는 법

오늘날 갈릴레이의 직관을 실험해 보기는 쉽다. 2014년, 영국의 물리학자 브라이언 콕스Brian Cox는 BBC 다큐멘터리 프로그램에서 갈릴레이의 사고 실험을 실연했다. 그는 미국 나사NASA의 거대한 진공 실험실에서 10미터 높이에 올라 볼링공과 깃털을 떨어뜨렸다. 환상적이게도 볼링공과 깃털은 정확히 동시에 낙하지점에 도달했다. 그러나 갈릴레이는 아리스토텔레스의 주장을 반박하기 위해 이런 실제 장치를 전혀 필요로 하지 않았다. 바로 여기에 사고 실험의 아름다움이 있다. 이름에서 알 수 있듯이, 사고 실험은 실연 검증을 요구하지 않는다!

갈릴레이의 천재성은 공기 저항으로 인한 마찰력을 실제 눈으로 보지 않고도 설명할 수 있었다는 데 있다. 르네상스 말기, 특히 프랜시스 베이컨의 경험주의론의 영향을 받은 앵글로색슨계 학자들 사이에서 기존 학설을 거부하는 움직임이 유행하던 당시의 과학적 발견은 감각적으로 이루어지곤 했다. 그러나 갈릴레이는 어떤 현상이 감각적이지 않을 수 있다는 것을 증명함과 동시에, 감각이 우리에게 심각한 오해를 일으킬 수 있다는 사실을 증명했다.

방금 살펴본 바와 같은 사고 실험은 이 책의 핵심 원동력이 될 것이다. 뇌에서 감각적으로 인지하는 바와 전혀 다르게 사고하는 이 기술로 상대성 이론을 발견하고, 공기 저항처럼 눈으로 확인할 수 없는 현상도 발견하게 된 것처럼 말이다.

갈릴레이의 배

자유 낙하 이론은 갈릴레이가 과학사에 기여한 여러 업적 중 하나일 뿐이다. 그의 이름이 특히 천문학에서 널리 알려진 것은 사실이지만, 이 책에서는 갈릴레이가 남긴 또 다른 업적의 중요성에 주목할 것이다. 갈릴레이는 물리학에서 가장 중요한 이론 중 하나, 바로 상대성 이론의 선구자다.

1632년, 갈릴레이는 배에 탄 사람이 창밖으로 바다를 보지 않는 이상 배가 일정한 속도로 움직이고 있다는 것을 알 방법이 없으리라는 생각을 한다. 물체를 위에서 떨어뜨리거나 무게를 측정하는 등 갈릴레이의 머릿속에서 일어나는 모든 실험은 항구에서나 바다에서나 동일한 결과를 가져올 것이다. 하지만 만일 배가 갑자기 가속한다면 배에 탄 승객은 금방 알아챌 수 있다. 마치 물리 법칙이 갑자기 뒤바뀐 것처럼 승객의 몸이 뒤쪽으로 급격하게 쏠리게 될 테니까!

갈릴레이가 도출한 법칙은 이렇다.

**"동일한 속도로 움직이는 모든 관찰자에게는
동일한 물리 법칙이 적용된다."**

이것을 **상대성 원리**라고 하며, 물리 법칙을 대상으로 하는 일종의 메타 이론이다.

푸코의 진자

움푹한 소파에 몸을 맡기고 앉아 있을 때에도 우리는 끊임없는 가속 상태에 있다. 지구라는 대형 회전목마를 타고 있기 때문이다. 물론 회전목마와 달리 지구가 자전하는 속도 때문에 우리가 가속되고 있다는 사실을 인식하기는 어렵지만, 가속은 분명 일어나고 있다.

이것이 바로 프랑스의 물리학자 레옹 푸코Léon Foucault가 1851년에 처음으로 증명한 사실이다. 푸코는 파리 판테온의 둥근 천장에 67미터 길이의 실을 고정시키고, 거기에 거대한 추를 매달아 진자를 만들어 그것이 멈출 때까지 움직이도록 했다. 통상적인 관념대로라면 진자는 일정한 방향으로 움직일 테지만, 지구의 자전으로 인한 물리 법칙의 결과는 통념과 미세하게 다르게 나타났다. 푸코의 진자는 시간당 약 6도씩 차이를 보였다!

뉴턴의 세계

1687년, 아이작 뉴턴Isaac Newton, 1643-1727은 물리학 체계를 집대성한 《자연 철학의 수학적 원리Philosophiae Naturalis Principia Mathematica》, 줄여서 '프린키피아'라고 불리는 책을 발표한다. 이 책에서 뉴턴은 물체에 가해지는 힘과 그에 따른 움직임을 설명하는 세 가지 기본 법칙을 설명한다. 이것이 바로 고전 역학의 시초이다. 3세기가 흐른

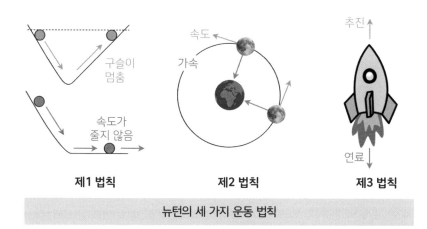

뉴턴의 세 가지 운동 법칙

지금도 학교에서 고전 역학을 가르치는 이유는, 이 법칙이 우리를 둘러싼 세계를 분명하고 정확하게 설명하기 때문이다.

관성 법칙

분명한 사실은 갈릴레이가 사고 실험을 통해 제1 법칙을 먼저 제시했다는 것이다. 갈릴레이는 V자 모양 레일에 놓인 구슬을 상상했다. 그의 가설은 이렇다. 마찰력을 무시한다면 구슬은 기울기에 관계없이 V자 모양의 레일에서 처음 출발한 위치와 정확히 같은 높이의 반대 위치로 굴러 올라갈 것이다. 만일 레일의 한쪽이 수평인 기울기를 갖는다면 구슬은 멈추지 않고 무한대로 구르며 처음과 동일한 높이로 올라가려 할 것이다. 이번에도 갈릴레이는 자신의 직관대로 수행한 사고 실험을 확인할 수는 없었다. 그가 전제한, 마찰력을 무시하는 상황을 만들 수 없었기 때문이다.

하지만 뉴턴 제1 법칙의 핵심은 이미 갈릴레이의 사고 실험에 있었다. 속도를 늦추거나 가속시키는 힘이 없다면 물체는 동일한 속도로 직선을 따라 움직인다. 마찰력의 존재가 당연하게 여겨지는 현대에는 너무도 명백한 것처럼 보인다. 우리는 달리는 자전거의 페달을 밟지 않으면 속도가 느려지는 이유가 마찰력 때문이라는 사실을 너무도 잘 알고 있기 때문이다. 그러나 갈릴레이 시대의 학자들은 물체의 속도가 느려지는 이유가 물체 본래의 성질 때문이라고 믿었다.

역학의 기본 법칙

제2 법칙의 이름은 물리학에서 큰 중요성을 갖는다. 오늘날의 기술 자들도 일상적으로 이 법칙을 사용한다. 로켓의 최대 속도나 혜성의 궤도를 계산할 때 **역학의 기본 법칙**을 활용해야 하기 때문이다.

이 법칙은 특정 방향으로 물체에 힘이 가해진다면 물체는 그 방향으로 가속하며 움직인다고 규정한다. 단순한 법칙이라고 하여 그 안에 담긴 수학적 원리의 복잡성까지 단순하지는 않다. 이 법칙을 명확히 증명하기 위해 뉴턴은 수학의 한 분야인 미적분을 발명해야만 했다.

새로운 수학 공식의 핵심 개념은 **미분**으로, 주어진 시간에 따라 변화하는 양이라고 간단하게 정의할 수 있다. 당신이 차를 타고 이동할 때, 속도는 당신의 위치가 시간에 따라 얼마나 변화하는지를 측정하고 가속도는 당신의 속도가 시간에 따라 얼마나 달라지는지를 측정한다. 즉, 속도는 시간에 대한 위치의 미분이고 가속도는 속도에 대한 미분이다.

그러나 '가속도'라는 단어는 일상생활에서 쓰일 때 혼란을 야기한다. 물리학에서 말하는 가속도는 속도가 얼마나 증가하고 감소하는지 측정할 뿐만 아니라 속도가 방향을 얼마나 바꾸는지, 다시 말해서 속도를 측정하려는 물체가 얼마나 회전하는지도 측정한다. 운전 중 커브를 돌 때 우리는 커브 안쪽으로 '가속'된다. 일정한 속도라고 하더라도 방향이 달라지기 때문이다. 지구 주위를 도는 달도 이렇게 무한히 커브를 돌고 있다. 달은 공전하면서 지구 중심부를 향해 끊임없이 가속된다. 이 가속도는 3장에서 다루게 될 뉴턴의 또 다른 업적인 중력 상호 작용과도 관련이 있다. 중력 상호 작용은 달이 직선으로 탈출하지 못하도록 끊임없이 달의 궤도를 굴절시킨다.

작용 반작용 법칙

뉴턴의 제3 법칙은 다른 물체에게 힘을 가하는 물체는 항상 반작용의 힘을 받는다는 법칙이다. 사냥꾼이 방아쇠를 당겨 총을 쏠 때 느끼는 힘과 동일한 유형이라고 할 수 있다. 총구에서 발사된 총알은 빠른 속도로 앞으로 날아가고, 총구의 반대 방향으로는 '반동'의 힘이 작용한다. 비행기나 로켓을 이륙시키는 것도 반작용의 힘이다. 공기나 연료가 한 방향으로 일제히 배출되면서 물체의 움직임이 그 반대 방향으로 추진되는 것이다.

위에서 언급한 예들은 비교적 직관적인 것이지만, 뉴턴의 제3 법칙에는 놀라운 면이 숨어 있다. 바로 우리가 지구를 끌어당기는 만큼 지구도 우리를 끌어당긴다는 것이다! 그렇다면 우리가 위로 뛰어오를 때 지구도 가속할까? 그렇다. 하지만 우리는 이를 지각하지 못한다. 우리의 질량이 지구의 질량에 비해 매우 작아서 지구의 움직임에 거의 영향을 미치지 않기 때문이다. 물총을 쏠 때 몸이 뒤로 밀리는 경우가 거의 없는 것과 같은 맥락이다. 물총의 질량이 물총을 지탱하는 팔의 질량보다 작기 때문에 그 영향이 거의 느껴지지 않는 것이다.

고마운 마찰력!

자동차를 손으로 밀 때, 자동차가 동일한 힘으로 우리를 밀어내고 있다면 어떻게 차를 앞으로 밀 수 있을까? 우리의 질량이 자동차보다 훨씬 작으니 우리가 뒤로 밀려나야 하는 것 아닌가? 이 상황에 대한 설명은 지면에서 찾을 수 있다. 자동차가 당신에게 가하는 힘에 맞서기 위해서 당신은 뒤로 미끄러지지 않도록 지면에 발을 단단히 고정시키게 된다. 이때 당신의 발바닥과 지면 사이에 발생하는 마찰력이 자동차가 당신에게 가하는 작용의 힘과 대립하는 것이다. 빙판 위에서 자동차를 밀면 뒤로 밀려나는 것은 뉴턴의 예측대로 당신이 될 것이다! 마찰력 때문에 우리는 땅 위에서 걸을 수 있고, 자동차도 앞으로 밀 수 있다. 만약 우리가 꽁꽁 얼어붙은 거대한 스케이트장에서 산다면 움직이기가 훨씬 어려웠을 것이다.

절대 물리학

여기서 잠깐 중요한 사실을 짚고 넘어가도록 하자. 뉴턴이 확립한 프린키피아의 세계에서 모든 관찰자는 동일한 방식으로 물체의 움직임을 설명한다. 즉 모든 시계는 동일한 시간을 측정하고, 모든 척도는 동일한 길이를 측정한다. 시간과 공간은 보편적이고 독립적인 개념이다. 1초의 시간과 정해진 길이는 하루의 시간이나 우리가 있는 장소, 이동하는 속도에 따라 변하지 않는다.

이는 우리 인간이 살고 있는 세계에서는 놀라운 일이 아니다. 우리가 일상에서 경험하는 어떤 것도 그 반대의 것을 나타내지 않기 때문이다. 1년의 시간이나 에펠탑의 높이에 대해 부정하는 사람은 없다. 그러나 선험적으로 논란의 여지가 없던 시간과 공간의 보편성과 독립성은 2세기가 지난 후 아인슈타인의 특수 상대성 이론이 등장함에 따라 대변화를 맞는다. 그 전에 우선 대변화를 초래한 사건과 발견을 살펴보도록 하자.

빛의 모호한 성질

빛은 현대 물리학의 발전에 핵심 역할을 했다. 켈빈 남작이 말했던 두 가지 오해의 '먹구름'에는 빛의 성질에 관한 두 가지 질문이 감춰져 있다. 빛은 무엇으로 만들어졌는가? 빛은 어떻게 이동하는가? 이 먹구름은 고전 물리학의 푸른 하늘을 어두컴컴하게 가리기는커녕, 좁고 파리한 하늘을 눈부시게 밝히는 빛에 관한 거대한 두 폭풍우를 일으켰다. 먼저 첫 번째 질문의 답부터 알아보도록 하자.

파동이란 무엇인가?

우선 이 책에서 수차례 등장할 핵심 개념인 파동이란 무엇인지 명확히 정의를 내리는 것부터 시작하자. 파동이란 '매질'의 변형에 따라 주위로 멀리 퍼져 나가는 현상을 의미한다. 두 가지 예를 통해 파동의 정의를 더 면밀히 살펴보자.

첫 번째는 연못 한가운데에 돌을 던졌을 때 생기는 물결이다. 이때 매질은 정지 상태에서 고요하고 거울처럼 반짝이는 연못의 수면이고, 변형은 물 높이의 변화다. 따라서 파동은 수평으로 움직이는 물 표면의 수직 변형에 주어진 일반적인 이름이다.

두 번째는 소리다. 이 경우에 파동은 물결처럼 물과 공기의 경계면에서 퍼져 나가는 것이 아니라 물과 공기에 직접적으로 전파된다. 해양 포유류나 육지의 포유동물이 주변 움직임을 인지하고 먼 거리에서 소통할 수 있는 것도 소리라는 파동 때문이다. 소리의 매질은 스프링처럼 압축되었다가 팽창할 수 있는 층으로 형성되어 있다. 박수를 치면 주위 공기층에 마치 지진이라도 난 것처럼 급격하게 변형이 일어나는데, 거기에서 발생한 음파가 점차 귀로 전달된다.

영의 이중 슬릿

17세기부터 빛의 성질은 빛을 작은 입자의 흐름이라고 주장하는 데카르트의 **입자 이론**을 지지하는 학자들과, 방금 앞에서 본 것처럼 물결이나 음파와 같은 파동이라고 주장하는 하위헌스의 **파동 이론**을 지지하는 학자들 사이에서 첨예한 논쟁을 일으키는 주제였다.

입자 이론은 프리즘을 이용해서 최초로 태양의 백색광을 무지개로 분리한 뉴턴의 기여 덕분에 한동안 우위를 차지했다. 그러나 1801년에 수행된 역사적인 실험으로 인해 입자 이론은 큰 타격을 입는다.

영국의 학자 **토머스 영**Thomas Young의 이름을 따 흔히 영의 이중 슬릿 실험으로 불리는 이 실험은, 중국의 전통 그림자놀이처럼 수직으로 두 개의 미세한 틈새를 만든 종이에 빛을 비춘 다음 판에 투사하는 방식으로 이루어졌다. 결과는 말할 수 없이 놀라웠다(아래 그림 참조). 틈새를 통과한 빛이 직사각형의 두 틈새 모양을 그대로 재현하지 않는, 그림자 영역과 번갈아 가며 빛나는 일련의 경계가 관찰되었기 때문이다. 영의 실험은 결정적이었다. 유일하게 그럴 듯한 해석은 빛이 파동의 두 가지 특성을 갖는다는 것이었다.

첫째는 **빛의 회절**이다. 두 개의 슬릿을 통과한 빛은 직사각형이

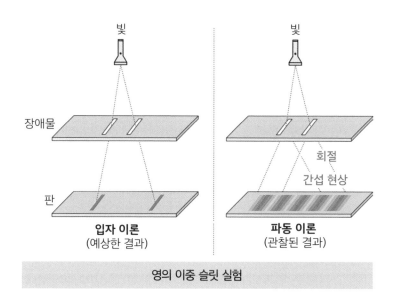

영의 이중 슬릿 실험

33

아닌 원뿔 무늬를 형성한다. 둘째는 **빛의 간섭**이다. 슬릿을 통과한 파동 사이에 발생하는 간섭 현상은 번갈아 나타나는 음영의 원인이다. 밝은 무늬는 두 개의 파장이 완벽하게 중첩되면서 증폭되는 방식으로 나타나는 반면, 어두운 무늬는 두 파장이 서로 어긋나면서 소멸되는 형태로 나타난다.

영의 이중 슬릿 실험은 파동 이론을 전면에 내세우는 결과를 야기했다. 그러나 1839년 알렉상드르에드몽 베크렐Alexandre-Edmond Becquerel 이 켈빈 남작이 말한 첫 번째 '먹구름'을 발견하면서 상황은 급변한다. 바로 **광전 효과**의 발견이었다. 금속에 빛을 비추어 전류 생성의 증거를 밝힌 것이다. 하지만 파동 이론으로는 광전 효과를 설명할 방법이 없었다.

빛의 이중성

빛의 성질에 대한 논쟁의 결론을 내리기 위해서는 시간이 필요했다. 1905년, 이 요상한 광전 효과에 의문을 가졌던 아인슈타인은 양자 이론을 제안한다. 원자가 접근할 수 있는 에너지 준위는 불연속적인 값을 갖는다는 가설을 도입한 것이다. 원자가 에너지가 높거나 또는 낮은 준위로 이동하려면 양자라고 불리는 빛의 덩어리를 흡수하거나 방출해야 한다.

빛은 그러므로 입자의 성질을 갖는다. 모든 물질이 원자로 이루어져 있듯, 입자 이론의 주장처럼 빛도 **광자**라고 불리는 입자로 이루어져 있다. 그런데 이 입자들은 각각이 개별적으로 작용한다. 마치 파동처럼! 앞에서 이야기했듯이 작은 빛 알갱이들은 파동처럼 흩어지는 성질을 갖는다. 이처럼 파동과 입자의 두 성질을 모두 갖는 **빛의 이중성**은 **양자 물리학**의 탄생을 가져왔고, 빛의 성질을 두고 논쟁한 거대한 두 이론은 비로소 휴전을 맞이했다.

안심하시라! 당신이 이 책에서 여행하며 만나게 될 개념 중 빛의 이중성보다 더 혼란스러운 개념은 거의 없다. 입자가 갖는 파동의 특성은 어디에서 올까? 1929년, 양자 물리학의 선구자인 독일 물리학자 베르너 하이젠베르크 Werner Heisenberg는 이 질문의 답을 찾고자 했다. 그가 제시한 '불확정성 원리'는 무한히 작은 세상에서는 모든 것이 불분명하다는 것을 암시한다. 즉 다른 소립자들과 마찬가지로 광자는 공간의 특정 장소를 차지하는 작은 공이라기보다는, 존재들이 만들어 내는 환상의 구름인 것으로 상상해야 한다.

영의 이중 슬릿 실험은 20세기에 들어 슬릿에 하나의 빛줄기를 통과시키는 것이 아니라 각각의 광자를 하나씩 통과시키는 방식으로 재실행되었고, 광자는 순차적으로 통과하면서 파동 이론이 예측한 위치에 점차적으로 음영을 형성했다. 각 광자가 실제로 파동처럼 두 개의 슬릿을 동시에 통과한다는 것을 보여 주는 결과인 셈이다.

슈뢰딩거 고양이

이보다 더 기이한 현상은 영의 이중 슬릿 뒤에 탐지기를 놓고 광자가 어디로 이동하는지 알아보는 과정에서 나타난다. 탐지기를 작동시키면 간섭 현상의 음영은 마법처럼 사라지고 두 슬릿의 실루엣만이 남는다. 광자는 하나의 슬릿만 지나갈 뿐, 두 슬릿을 동시에 지나가지는 않는 것처럼 보인다. 관찰하려고 하면 도처에 존재하던 광자는 사라져 버린다!

이처럼 소립자들은 여러 상태가 불확실하게 중첩된 상황에서도 존재할 수 있는 성질을 갖고 있다. 우리가 관찰하려 할 때, 소립자들은 여러 상태 중 하나의 모습을 선택한다. 이것이 정확히 에르빈 슈뢰딩거Erwin Schrödinger, 1887-1961의 사고 실험에서 일어난 일이다. 바로 그 유명한 밀폐된 상자 속에 독극물과 함께 갇힌 고양이의 이야기다.

광자가 오른쪽 구멍을 통과하면 독이 든 유리병이 보존되고, 왼쪽 구멍을 빠져나가면 깨진다고 상상해 보자. 두 개의 구멍 뒤에 빛 탐지기를 놓으면 광자가 어떤 구멍을 통해 지나갔는지, 고양이가 죽음을 피했는지 여부를 판단할 수 있다. 하지만 탐지기가 없는 상황에서는 광자가 두 슬릿을 동시에 통과한다. 그렇다면 가엾은 우리의 고양이는 어떻게 될까? 덴마크의 물리학자 닐스 보어Niels Bohr가 주장하는 **코펜하겐 해석**에 따르면 고양이는 살아 있는 동시에 죽은 상태다. 바로 여기서 1920년대에 아인슈타인과 보어 사이에서 벌어진 유명한 논쟁의 중심인, 양자 물리학의 해석에 대한 실질적인 문제가 등장한다. 아인슈타인은 "신은 주사위 놀이를 하지 않는다"라며 코펜하겐 해석에 반박했고, 보어는 이렇게 응수했다. "당신이 왜 신에게 이래라저래라 합니까?"

평행 세계

코펜하겐 해석만이 슈뢰딩거 고양이 사고 실험의 모호성을 제거하려 시도했던 것은 아니다. 슈뢰딩거의 실험에 대한 또 다른 해석 중 하나인 다중 세계 이론은 광자가 어떤 슬릿을 통과하는지 관측하는 순간 우주는 두 가지 가능성에 해당하는 두 개의 우주로 분리된다고 해석한다. 각각의 우주는 마치 아무 일도 없던 것처럼 서로 영향을 주지 않고, 우리는 두 세계 중 하나의 세계만을 경험한다는 것이다. 마치 주사위를 던질 때마다 여섯 개의 세계로 나뉘는 것처럼 말이다! 우주는 나무의 뿌리처럼 다중 세계로 갈라진다. 평행 우주의 어딘가에서는 아인슈타인이 태어나지도, 이 책이 존재하지 않을지도 모른다!

에테르라는 신기루

고대부터 수많은 학자가 빛의 확산을 설명하기 위하여 보이지 않고 만질 수 없는 유체를 탐구해 왔다. 이 매질이 바로 켈빈 남작이 말한 두 번째 먹구름인 에테르다. 에테르의 개념은 20세기 초에 완전히 사라졌지만, 에테르에 대한 환상은 특수 상대성 이론을 탄생시켰다. 비록 틀린 길이었지만 과학 역사상 가장 쓸모 있던 오류 중 하나였다.

에테르란 무엇인가?

빛의 기묘한 이중성은 잠시 제쳐 두고, 다시 19세기로 돌아가자. 빛은 바다의 파도처럼 파동으로 간주되었고, 영의 실험은 이러한 주장에 힘을 실어 주었다. 하지만 여기서 새로운 물음이 제기되었다. 파동은 어떻게 진공 상태에서 퍼져 나갈 수 있을까? 당시까지만 해도 파동은 물체의 매질이 변하면서(파도는 수면의 변화를, 소리는 공기층의 변화를 야기한다) 나타나는 것으로만 알려져 있었다. 그렇다면 빛이 진공에서 퍼질 때 변형이 일어나는 매질은 무엇일까?

수수께끼를 풀기 위하여 당대의 저명한 과학자들은 불분명하고 다형적 개념의 매질인 **에테르**를 탄생시켰다. 에테르가 모든 공간에 존재하면서 빛이 이동하고 힘이 전달될 수 있도록 한다는 것이다. 지구는 마치 바닷속 잠수함처럼 에테르 안에서 헤엄치고 이동한다. 잠수함의 속도가 해류의 영향을 받듯이, 에테르와 지구의 움직임 또한 빛의 속도에 영향을 미친다. 빛이 에테르를 역행하면 속도가 느려지고, 에테르와 같은 방향으로 이동하면 더욱 빨라진다.

마이컬슨 몰리의 실험

1887년, 미국의 물리학자 **앨버트 마이컬슨** Albert Michelson과 **에드워드 몰리** Edward Morley는 빛의 이동 방향이 변하면서 나타나는 속도의 차이를 설명하기 위한 실험을 설계했다. 동일한 길이(약 10미터)의 두 수직 축을 갖는 장치가 고안되었는데, 이를 **간섭계**라고 한다. 간섭계는 8장에서 완전히 다른 논의의 대상이 되는데, 여기서는 간섭계의 작동 방식을 자세히 살펴보도록 하자(40쪽 그림 참조).

1. 광선은 보통 레이저 광원에서 방출된다.
2. 두 수직 축의 교차점에 배치된 반투명 거울로 인해 광선은 각각 의 축을 통과하는 두 개의 동일한 광선으로 분리된다.
3. 두 광선은 각 축의 끝에 도달한 후 거울에 반사되어 되돌아온다.
4. 반투명 거울로 돌아온 두 광선은 다시 만나고, 검출기에 의해 측 정된다.

수직으로 갈라졌다가 되돌아오는 두 광선이 이동하는 경로는 완벽하게 동일하기 때문에 검출기는 원칙적으로 두 광선을 동시에 수신해야 한다. 그러나 두 방향에서 되돌아온 빛의 속도가 동일하지

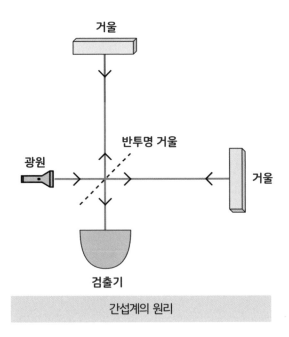

간섭계의 원리

않다면 둘 중 하나는 늦게 도착할 수밖에 없다. 간섭계의 검출기는 영의 이중 슬릿 실험에서 관찰되는 것과 유사한 간섭무늬를 측정함으로써 빛의 지연 도착을 매우 정확히 측정할 수 있다.

운 좋은 실패

마이컬슨과 몰리에게는 실망스러운 결과였지만, 광선은 정확히 동일한 시간에 두 수직 축을 왕복 이동했다! 오늘날에도 여전히 그들의 '실패'가 기억되고 회자되는 이유는, 우리가 빛을 이해하는 데 있어서 이 실험이 필수적인 단계이기 때문이다. 마이컬슨과 몰리의 실험은 빛의 속도에 대한 보편성을 설명하는 최초의 실증이었고, 다음 장에서 보게 될 1905년의 특수 상대성 이론 발견으로 귀결되는 중요한 과정이었다. 비록 실패한 실험으로 기록되었지만 마이컬슨이 고안한 간섭계와 방법론은 그가 1907년 노벨 물리학상을 수상한 최초의 미국인이 되는 데 크게 기여했다.

이 실험 이후 에테르 이론은 과학사의 뒤안길로 사라졌지만 의문은 여전히 남았다. 에테르가 존재하지 않는다면, 매개 물질없이 진공에서 빛이 확산되도록 하는 것은 대체 무엇이란 말인가?

그 해답은 수십 년이 지나고 양자 물리학의 탄생과 함께 밝혀졌다. 양자 물리학이 실제로 진공은 존재하지 않는다는 것을 증명했기 때문이다. 우리가 흔히 '진공'이라고 부르는 공간이 사실은 진공이 아니라는 것이다. 진공은 무수한 입자가 다발적으로 생성되고 파괴되는 불가사의한 현상들로 가득 차 있다. 이 입자들이 비록 일시적일지라도 빛을 지탱하는 역할을 하고 진공에 그 실체를 제공하는데, 이것이 바로 **진공 에너지**다.

특수 상대성 이론

재조정된 시간과 공간

청년 아인슈타인은 당대 과학자들만큼 에테르 환상에 매료되지 않았지만, 모든 관찰자에게 왜 빛이 동일한 속도로 이동하는 것처럼 보이는가에 대해서는 충분한 설명을 찾고자 했다. 1905년, 아인슈타인은 마침내 빛 속도의 절대적인 특성을 새로운 이론인 **특수 상대성 이론**의 출발 가설로 제정함으로써 상황을 반전시킨다.

빛의 방정식

빛의 파동적 성질에 관한 영의 실험 이후, 영국의 저명한 물리학자 **제임스 맥스웰**James Maxwell은 1862년에 네 개의 우아한 방정식을 활용해 그 성질을 설명한다. 이 방정식들은 긴밀하게 협력하며 변하는데, 이로써 가시광선을 포함하는 **전자기파**를 생성하는 전기장과 자기장의 행동을 특성화한다. 하지만 이 방정식들의 한 측면이 당시 물리학자들 사이에 의심의 씨앗을 뿌렸다. 이 방정식들이 갈릴레이의 상대성 원리를 따르지 않는 것처럼 보였던 것이다. 앞서 보았듯이, 갈릴레이는 가속하지 않는 모든 관찰자에게는 동일한 물리 법칙이 적용된다고 말했다.

이 원리를 이해하는 데 도움을 줄 두 명의 가상 인물이 있다. 기차역의 플랫폼에 서 있는 세실과, 일정한 속도로 플랫폼을 통과하는 기차 안에 있는 아드리앵이 바로 그 주인공들이다.

물리학에서 사건은 네 개의 좌표를 사용하여 식별된다. 사건이 발생한 위치를 결정하며 주로 x, y, z로 표기되는 세 개의 공간 좌표와 사건이 언제 발생했는지를 가리키는 시간 좌표 t가 그것이다. 먼저, 우리의 두 주인공은 동시에 벌어지는 사건을 관찰하고 있기 때문에 이들의 시간 좌표는 동일하다. 하지만 공간 좌표는 두 사람의 관점에 따라 다르다. 세실의 관점에서는 아드리앵이 타고 있는 기차가 이동하고 있으므로 시간이 지남에 따라 기차의 공간 좌표가 변한다. 반면 기차 안에 가만히 앉아 있는 아드리앵의 관점에서 기차의 공간 좌표는 변하지 않는다!

따라서 세실의 관점에서 아드리앵의 관점으로 이동하는 것은 시간 좌표는 변경하지 않고 공간 좌표만 수정하는 좌표 변환이다. 두 관찰자가 이렇게 일정한 속도로 이동할 때 이루어지는 좌표 변환을 **갈릴레이 변환**이라고 한다. 따라서 상대성 원리는 이렇게 바꿔 말할 수 있다. "물리 법칙은 갈릴레이 변환의 결과로 인해 변하지 않아야 한다!" 이것은 1장에서 설명한 뉴턴 법칙에 대해서는 성립하지만, 맥스웰 방정식에 대해서는 성립하지 않는다. 이것이 바로 약점이 되는 지점이다. 만약 맥스웰 방정식이 옳다면, 세실과 아드리앵은 서로 다른 물리적 경험을 하게 될 것이다. 그렇다면 대체 어디서 오류가 발생한 걸까?

1 + 1 = 1

1895년, 네덜란드의 물리학자 **헨드릭 로런츠**Hendrik Lorentz는 맥스웰 방정식이 세실과 아드리앵에게 동일하게 적용되기 위해서는 갈릴레이 변환을 더 복잡한 좌표 변환으로 대체해야 한다는 것을 발견하는데, 이를 **로런츠 변환**이라고 한다. 아드리앵이 탄 기차의 속도가 일반적인 수준이라면 갈릴레이 변환과 로런츠 변환은 별반 차이가 없지만, 만약 아드리앵의 기차가 빛의 속도에 가까워진다면 로런츠 변환은 두 가지 측면에서 극도로 기이해진다.

첫째, 이 변환은 시간 좌표에 영향을 미친다. 다시 말해 두 사람의 시간이 더 이상 같은 속도로 흐르지 않는다! 둘째, 속도가 더 이상 우리의 예상대로 더해지지 않는다. 아드리앵이 빛 속도의 10퍼센트로 기차 안에서 기차의 이동 방향과 같은 방향으로 공을 던진다고 가정해 보자(48쪽 그림 참조). 기차역에 서 있는 세실의 관점에서 볼 때 기차와 공의 두 이동 속도가 더해져서 공은 빛 속도의 20퍼

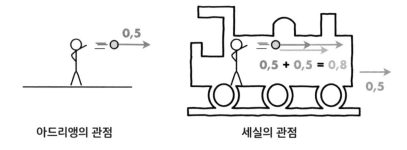

특수 상대성 이론에서 속도는 예상하는 것처럼 더해지지 않는다. 일정한 속도로 운행하는 기차에서 빛 속도의 절반에 해당하는 속도로 던진 공은 빛 속도의 80퍼센트로 이동한다.

센트에 도달해야 한다. 그러나 로런츠 변환의 결과는 19.8퍼센트로 더 낮게 나타난다. 0.1+0.1=0.2가 되지 않고 0.198이 되는 셈이다. 미미한 차이지만 빛 속도에 가까워질수록 차이는 커진다. 즉 0.5+0.5=0.8이 되고, 0.9+0.9=0.994가 된다. 기차와 공의 이동 속도가 빛 속도와 거의 동일해지면 차이 역시 최고치에 달한다. 세실은 공이 빛 속도의 두 배가 아니라 빛 속도로 이동하는 모습을 관찰하게 될 것이다. 즉 1+1=1이 된다! 마치 모든 일이 빛 속도를 초과할 수 없는 것처럼 일어난다.

이렇게 선험적인 이치에 어긋나는 결과에도 불구하고 로런츠 변환은 수학적으로 그 가치가 충분하다. 맥스웰 법칙과 상대성 원리가 조화를 이루도록 했으며, 어떤 의미로는 특수 상대성 이론의 본질이 이때 등장했다. 그러나 물리학의 관점에서 로런츠의 계산은 여전히 에테르의 존재를 전제로 한 것이기 때문에 결함이 남아 있다.

기적의 해

진정한 혁명은 스위스 베른 특허청에서 일하던 한 대범한 물리학자가 자신이 만든 원칙을 과학사에 영원히 남기기로 결심한 1905년에 일어난다. 짐작하겠지만 바로 알베르트 아인슈타인의 이야기다. 당시 26세에 불과했던 청년 물리학자는 이 '기적의 해annus mirabilis'에 과학사에 길이 남을 걸작으로 여겨지는 네 편의 논문을 발표한다. 6월 9일 발표된 첫 번째 논문은 앞에서 이미 언급한 양자 이론을 소개하고 양자 물리학의 시작을 알렸다. 7월 18일 발표된 두 번째 논문은 이 책의 주제를 벗어난 생명 과학의 중요한 현상인 브라운 운동에 관한 것이다.

이후 각각 9월과 11월에 발표된 두 편의 논문은 **특수 상대성 이론**을 구축한다. 두 논문은 에테르 이론을 다음과 같은 공리로 대체함으로써 고전 물리학의 첫 번째 격변을 일으킨다.

**"진공에서 빛의 속도는 일정한 속도로 움직이는
모든 관찰자에게 동일하다."**

로런츠의 연구로부터 자연스럽게 이어지는 위 공리는 우리가 빛에 접근하든 멀어지든 광선의 속도는 동일하게 측정된다는 것을 의미한다. 광선을 따라잡으려 달린다고 상상해 보자! 속도의 99퍼센트까지 도달할지라도 광선은 여전히 우리보다 빠르게 지나갈 것이다.

c로 표기되는 빛 속도는 물리학의 기본 상수로, 이 장의 마지막에서 보게 될 그 유명한 $E = mc^2$ 공식에서도 발견할 수 있다. 빛의 속도는 형용하기 어려울 만큼 빠르다. 광선은 1초에 약 30만 킬로미터를 통과한다. 일상에서 빛의 움직임은 순간적으로 보이지만, 천문학자들에게는 이야기가 조금 다르다. 태양 빛은 우리에게 도달하는 데 8분이 소요되고, 태양계에서 가장 가까운 별인 알파 센타우리의 빛은 4년이 소요된다. 즉 이 별을 관찰할 때 우리는 이 별이 4년 전에 보낸 빛을 보는 것이다. 천문학에서 멀리 바라보는 것은 곧 과거를 들여다보는 행위인 셈이다.

네 번째 차원

가구의 치수를 표기할 때는 너비 x, 깊이 y, 높이 z를 말하는 것이 일반적이다. 우리는 모두 높이가 수직 방향에 따른 가구의 크기라는 것을 알고 있지만, 이는 가구를 바라보는 각도에 따라서 달라지는 관습일 뿐이다. 위에서 가구를 내려다보면 가구의 높이는 깊이가 된다. 마찬가지로 가구를 90도로 회전시키면 너비는 곧 깊이가 된다. 너비, 높이, 깊이는 같은 성질의 측정값이기 때문에 관점의 전환에 따라 치환될 수 있다. 그래서 세 개의 공간 좌표를 하나로 묶고 괄호 안의 (x, y, z)로 표기하는 것이다.

뉴턴에게는 공간 좌표와 무관한 일종의 보편적 시계였던 시간 좌표 t는 특수 상대성 이론에서 그 역할이 근본적으로 변한다. 앞에서 보았듯이, 세실의 관점에서 아드리앵의 관점으로 이동하는 좌표 변환은 공간뿐만 아니라 시간에도 영향을 미쳐서 마치 테이블의 치수처럼 공간과 시간이 뒤섞인다. 따라서 그 자체로 네 번째 차원이 되는 시간은 세 개의 공간 좌표와 병합하여 분리할 수 없는 객체를 형성한다. 이 객체가 바로 (x, y, z, t)로 표기되는 **시공간**이다.

리네아로 떠나는 여행

물리학자와 수학자에게는 안타까운 일이지만 4차원 세계를 표현하기란 불가능하다. 그러나 하나 혹은 두 개의 공간 차원을 제거한다면 시공간을 시각화할 수 있다. 자, 지금부터 '리네아'라는 상상의 세계로 우회해 보도록 하자. 이 세계는 거대한 직선으로 이루어져 있고, 리네아의 주민들은 직선을 따라 앞으로 가거나 뒤로 가는 두 가지 행동만 할 수 있다. 따라서 시공간은 공간 차원과 시간 차원을 포함하고 있다.

리네아에 살고 있는 줄리엣이 이 시공간을 시각화하는 작업을 도와줄 것이다. 다음 그림에서 수평 방향은 리네아의 공간 차원에 해당하며 수직 방향은 시간의 흐름을 나타낸다.

첫 번째 선은 리네아의 아침 7시를 나타낸다. 줄리엣이 잠에서 깨는 시간이다. 한 시간 정도 시간이 흐르고, 아침 8시가 된 리네아를 그려 보자. 줄리엣은 출근하는 중이고 오른쪽으로 이동한다. 9시부터 줄리엣은 그녀가 일하는 건물 안에서 움직이지 않는다.

오른쪽 도식은 시공간에서의 줄리엣의 궤적을 표현하고 있다. 집과 회사는 두 개의 빨간색 수직 화살표로 표현된다. 두 건물은 공간 안에서는 움직이지 않지만, 시공간에서는 미래의 시간으로 이동하고 있기 때문에 움직인다. 줄리엣의 궤적은 움직이지 않을 때에는 수직으로, 이동할 때에는 곡선으로 표현된다. 이렇게 하면 우리는 공간뿐만 아니라 시간에서도 리네아의 외연을 나타낼 수 있다!

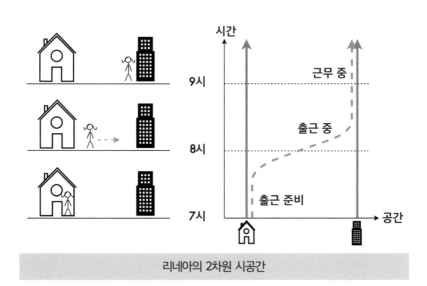

리네아의 2차원 시공간

절대성의 끝

아인슈타인이 특수 상대성 이론을 정립하던 당시 시계 특허 출원 건을 많이 다루고 있었던 것은 우연이 아닐지도 모른다. 어떤 상관관계가 있을까 싶지만 서로 다른 시곗바늘은 아주 다양한 속도로 회전할 수 있다. 그렇다면 시간은 어떻게 측정하고 또 현재는 어떻게 정의할 수 있을까? 여행하는 동안 안전 바를 잘 잡고 있기를 바란다. 이 장에서는 당신의 직관이 무너질 수도 있다.

시간 팽창

우리 여행의 두 도우미 세실과 아드리앵을 다시 만나 보자. 세실은 기차역의 플랫폼에 가만히 서서 기차를 타고 지나가는 아드리앵을 보고 있다. 아드리앵이 바닥에 공을 팅기고 있다고 상상해 보자. 기차가 일정한 속도로 달리고 있기 때문에 세실은 아드리앵이 관찰하는 수직 궤적과 달리 포물선 궤적을 관찰한다. 따라서 공의 이동 거리가 더 길다. 하지만 공의 낙하 시간은 영향을 받지 않는다. 세실의 관점에서는 공이 더 빠르게 이동하기 때문이다. 즉 기차의 속도가 공의 낙하 속도에 더해진다.

자, 이제 공을 광선으로 교체해 보자. 아드리앵이 공 대신 바닥에 놓인 거울에 광선을 반사시키고 있다. 세실의 관점에서 빛은 수직으로 움직이지 않고 더 긴 경로를 따라 대각선으로 전파된다(아래 그림 참조). 하지만 여기서 문제가 발생한다. 우리가 그동안 살펴본 것처럼 속도가 더해지지 않기 때문이다. 광선은 빛보다 빨리 이동할 수

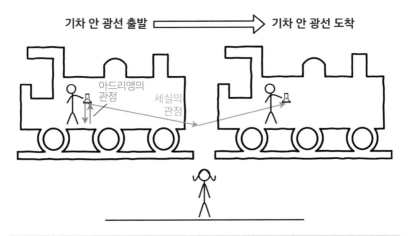

세실이 보는 광선의 궤적은 기차 안에서 정지 상태에 있는 아드리앵이 보는 것보다 더 길다. 빛 속도는 두 사람에게 동일하기 때문에 세실이 관찰하는 빛의 이동 시간은 아드리앵보다 더 길다. 이해를 돕기 위해서 기차가 빛 속도보다 더 빠르게 이동하는 것으로 과장하여 표현했다.

는 없다! 따라서 빛의 왕복은 아드리앵보다 세실에게 더 길게 나타난다. 마치 아드리앵의 시간이 느려진 것처럼 말이다.

세실이 창문 너머로 아드리앵의 손목시계를 본다면, 세실은 시곗바늘이 평소보다 느리게 움직이고 있다고 느낄 것이다. 이 놀라운 **시간 팽창**은 기차가 빛 속도에 가까워질수록 더욱 커진다. 따라서 기차가 빛 속도를 따라잡는다면 아드리앵의 시간은 정지된 것처럼 보인다! 다시 말하면 아드리앵이 공간에서 더 빨리 움직일수록 시간은 더욱 느려진다.

동시성의 종말

시간 팽창으로 인해 세실과 아드리앵에게 1초는 서로 다른 시간이 될 수 있다. 여기서 끝이 아니다. 두 사건의 **동시성**에 관해서도 서로 동의하지 못한다.

기차역의 양 끝에 통행을 조절하기 위해 동시에 켜지는 신호등이 있다고 상상해 보자. 세실은 두 신호등이 완벽하게 동시에 켜진다는 것을 어떻게 확인할 수 있을까? 쉽다. 기차역의 정중앙에 서서 확인하면 된다. 세실이 서 있는 위치에서 두 신호등이 동일한 거리로 떨어져 있다면, 신호등 불빛이 세실에게 동시에 도달할 것이기 때문이다.

하지만 아드리앵에게 상황을 적용해 본다면 신호등은 동시에 켜지는 것처럼 보이지 않을 것이다. 신호등 불빛이 기차 안에 있는 아드리앵에게 전달되는 동안 아드리앵은 플랫폼을 따라 앞으로 이동한다. 아드리앵은 세실보다 먼저 기차 앞쪽의 신호등 불빛을 보고, 세실보다 늦게 기차 후미에서 켜진 불빛을 보게 된다. 즉 기차 앞쪽에서 일어나는 상황은 세실보다 먼저 진행되고, 뒤쪽에서 일어나는 상황은 지연되는 것이다.

이처럼 '동시성'이라는 표현은 특수 상대성 이론에서 더 이상 의미가 없다. 한 관찰자에게 동시에 일어난 두 사건이 다른 관찰자에게는 그렇지 않을 수 있기 때문이다. 더 혼란스러운 사실은 사건의 순서가 관찰자에 따라 뒤바뀔 수 있다는 것이다. 아드리앵에게는 기차 앞쪽 신호등이 반대편 신호등보다 먼저 켜지겠지만, 반대편 철로에서 달려오는 기차의 승객에게는 그 반대가 된다! 그렇다면 시간의 전과 후를 따지는 일도 포기해야 하지 않을까?

인과율의 속도

우리가 알고 있는 일반적인 '시간'은 하나의 덧없는 선인 현재로 구분되는 과거와 미래 두 영역으로 구성된다(오른쪽 첫 번째 그림 참조). 그러나 상대성 이론에서는 상황이 보다 복잡하다. 과거와 미래는 여전히 존재하지만 더 이상 하나의 선으로 구분되지 않는다. 확장된 현재가 두 영역 사이에 이전이나 이후, 또는 동시라고 말할 수 없는 문제적인 영역을 열기 때문이다. 이 세 번째 영역을 앞의 두 영역과 구분하는 것이 바로 인과율 개념이다. 이 개념이 의미하는 바를 정의하기 위해서 기하학적이고 시적 개념인 **빛 원뿔**을 도입할 필요가 있다. 다시 리네아 세계로 돌아가 보자.

리네아에서의 어느 날 아침, 줄리엣은 여느 때처럼 잠에서 깨어나 침대 머리맡의 스탠드를 켠다. '줄리엣이 스탠드를 켠다'라는 사건은 두 광선이 방출되는 시공간의 한 지점에 해당한다. 하나의 광선은 왼쪽으로, 다른 하나는 오른쪽으로 방출된다. 아래의 가운데 그림에서 우리는 시공간에서 두 광선의 궤적을 확인할 수 있다. 두 광선이 구분하는 영역을 '줄리엣이 스탠드를 켠다'라는 사건의 '미래 빛 원뿔'이라고 부른다. 줄리엣은 빛보다 빠르게 신호를 보낼 수 없기 때문에 이 원뿔의 밖에 있는 사건들에 영향을 줄 수 있다고 기대할 수 없다. 즉 줄리엣은 이 사건들과 인과적으로 단절되어 있다. 하

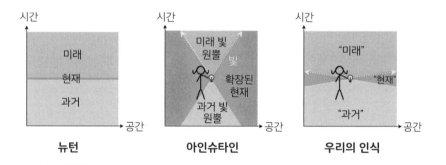

뉴턴 **아인슈타인** **우리의 인식**

뉴턴의 세계에서 아인슈타인의 세계로 이동하면 시공간은 두 영역(과거, 미래)에서 세 영역(과거, 확장된 현재, 미래)으로 이동한다. 하지만 우리의 일상생활에서 빛 속도는 뉴턴 세계에서처럼 무한하다고 느낄 정도로 빠르다. 따라서 빛 원뿔의 각도는 매우 커지고 확장된 현재를 단순한 선으로 표현하는 '현재'와 동일시할 수 있다.

지만 빛 원뿔 내부에 포함된 모든 사건에는 영향을 미칠 수 있다. 이 사건들과는 인과적으로 연결되어 있기 때문이다.

더 정확하게 말하자면, 시공간의 두 지점인 사건 A와 B가 있을 때 B가 A의 미래 빛 원뿔에 속하거나 또는 A가 B의 미래 빛 원뿔에 속한다면 A와 B는 인과적으로 연결되어 있다. 전자의 경우 A가 B를 유발할 수 있고, 후자의 경우 B가 A를 유발할 수 있다.

두 경우 모두 사건의 순서는 동일하게 합의된다. 만약 A가 '줄리엣이 잠에서 깬다'라는 사건이고 B가 '줄리엣이 스탠드를 켠다'라는 사건이라면 B는 A의 미래 빛 원뿔에 속한다. 사건의 모든 관찰자는 B가 A보다 늦다는 사실에 동의할 것이다. 줄리엣이 깨어날 때까지는 스탠드를 켤 수 없으니 말이다.

반대로 인과적으로 연결되지 않은 사건들이라면, 두 사건의 순서는 동일하게 합의되지 않을 수 있다. 아드리앵과 세실의 기차역 신호등이 바로 그런 경우다. 이처럼 빛 원뿔은 우리가 시간의 전과 후에 대해서 객관적으로 말할 수 있는 시공간 영역을 제한한다. 그 영역의 바깥에는 사건의 순서와 동시성에 대해서 말할 수 없는 기묘하게 확장된 현재가 있다.

다행히 우리가 살고 있는 지구에서는 동시성의 정의를 내리는 것이 어렵지 않다. 빛 속도가 어마어마하기 때문이다. 뉴욕의 '지금'과 파리의 '지금' 사이에는 단 몇 분의 1초도 안 되는 차이가 있을 뿐이며, 그 차이는 빛이 두 도시를 이동하는 데 걸리는 시간이다. 그렇기 때문에 우리는 이 둘을 혼동해 확장된 현재를 '현재'라고 부르는 순간과 동일시한다. 하지만 지구의 '지금'과 화성의 '지금'은 완전히 다르다!

2012년 화성 탐사 로봇 큐리오시티가 임무를 수행할 당시 화성과 지구 사이에는 13분의 전달 시간이 있었다. 큐리오시티에게 '30분 후'에 태양 전지판을 설치하라는 명령은 모호했을 것이다. 지구로부터 메시지를 전달받았을 때는 이미 13분이 흐른 뒤였기 때문이다. 그렇다면 임무는 17분 후에 수행해야 했을까, 아니면 30분 후에 수행해야 했을까? '그때'라는 표현은 지구 밖을 벗어나면 아무 의미가 없다. 적어도 '그때, 그곳에서'라고 명시해야 할 것이다. '그 시간에'라는 표현도 파리지앵과 뉴요커에게 모호하기는 마찬가지다. 그러니까 우리가 말하는 시간대가 무엇인지 명시해야 한다!

길이 수축

시간 팽창과 동시성의 부재도 이미 직관적으로 납득하기 어려운 개념인데 문제는 여기서 끝이 아니다. 시간뿐만 아니라 공간 개념도 상대성 이론에서는 탄력적으로 적용된다! 세실이 아드리앵이 탄 객실의 사진을 찍는다면 사진은 이동 방향으로 찌그러진 것처럼 보일 것이다(60쪽 그림 참조). 객실의 높이는 그대로겠지만 길이가 줄어들기 때문이다!

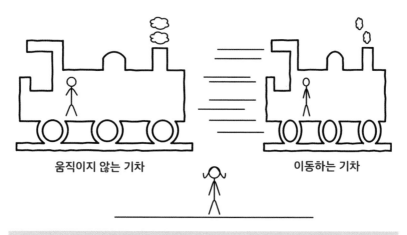

움직이지 않는 기차　　　　　　　이동하는 기차

기차가 빨리 달릴수록 세실의 눈에는 길이가 더 짧게 보인다.

길이 수축 현상을 이해하기 위해서, 세실이 객실의 길이를 측정하려 한다고 가정해 보자. 측정을 위해서 세실은 플랫폼에서 기차의 전면과 후면을 '동시에' 표시해야 한다. 표시한 두 지점 사이의 거리가 측정하려는 길이가 된다. 그러나 앞에서 이야기한 것처럼 세실에게 동시인 것은 아드리앵에게 동시가 아니다! 아드리앵은 세실이 객실 전면부에 표시하는 모습을 먼저 보고, 이어서 후면부에 표시하는 모습을 보게 된다. 더군다나 표시하는 동안 기차가 계속 이동하기 때문에 세실이 측정한 길이는 객실의 실제 길이보다 짧다!

빛보다 빠르다?

특수 상대성 이론의 법칙에 위배되지 않고 빛 속도를 뛰어넘을 수 있을까? 그렇다. 단 지구에서 방출한 빛이 달 전체를 밝힐 만큼 강한 조명이어야 한다. 조명 앞에서 손을 흔들어 잠깐 그림자를 만들어 보자. 손동작이 충분히 빠르다면 그림자는 단 몇 분의 1초 안에 달 표면의 한쪽 끝에서 다른 쪽 끝으로 빛보다 더 빠르게 이동할 것이다!

달에 살고 있는 두 사람이 이 그림자를 사용해서 빛보다 더 빠르게 소통할 수 있을까? 아쉽게도 그럴 수는 없다. 그들은 우선 지구에 있는 당신에게 보낼 메시지를 전달해야 하는데, 그 과정은 훨씬 더 오래 걸릴 것이다. 특수 상대성 이론에는 문제가 없다. 그림자는 어떠한 정보가 아니라 단지 빛의 부재일 뿐이다. 그렇기 때문에 그림자가 빛보다 더 빠르게 움직일 수 있는 가능성을 배제할 수는 없다.

랑주뱅의 역설

아인슈타인의 이론은 이제껏 당연해 보였던 시간 개념에 의문을 제기한다. 자식이 부모보다 나이가 더 많을 수 있다는 역설적인 상황을 허용하기 때문이다. 그러나 과연 이것은 진정한 역설일까?

관점의 문제

우리는 플랫폼에 가만히 서 있는 세실의 관점에서는 아드리앵의 손목시계가 느리게 움직이고, 또 아드리앵이 탄 객실의 길이는 기차가 이동하기 때문에 수축하는 것으로 관찰된다는 것을 살펴보았다. 이번에는 역할을 바꿔 보자. 아드리앵의 관점에서 보면 기차는 고정되어 있고, 움직이는 것은 세실과 그녀가 서 있는 플랫폼이다. 같은 논리를 적용하면 아드리앵은 세실의 손목시계가 느리게 움직이고 플랫폼의 길이도 수축하는 모습을 볼 수 있을 것이다. 그럼 두 사람 중 누구의 관점이 옳을까? 언뜻 보기에는 모순되는 현상처럼 느껴지겠지만 여기에 역설은 없다. 그러니까 세실과 아드리앵은 둘 다 옳다.

더 자세한 설명을 위해 이번에는 샤를로트와 니콜라의 도움을 받아 보자. 샤를로트와 니콜라는 10미터 정도 떨어진 곳에서 서로를 바라보고 서 있다. 관점의 차이 때문에 둘은 상대방의 모습을 실제보다 더 작게 느낀다. 이러한 상반적인 효과는 전혀 모순적이지 않다. 단순한 거리 차이로 인해 발생하는 효과이기 때문이다. 샤를로트와 니콜라 사이의 거리가 줄어들수록 그 효과는 줄어든다. 두 사람은 가까이서 마주 볼 때 서로의 실제 키를 확인하고 납득할 수 있을 것이다. 시간 팽창과 길이 수축 현상을 원근법 효과와 비교해 볼 수도 있지만, 두 현상의 원인은 더 이상 관찰자 간의 거리가 아니다. 원인은 바로 상대 속도다. 세실과 아드리앵이 서로에 대해 움직이지 않을 때 두 사람은 동일한 시간과 길이를 측정한다. 그러나 그들이 서로 움직인다면 두 사람이 측정하는 시간과 길이는 달라지며, 그렇기 때문에 상대 속도는 매우 중요하다.

샤를로트와 니콜라가 경험하는 원근법 효과는 우리가 쉽게 납득할 수 있는 반면, 시간 팽창과 길이 수축 현상은 그만큼 쉽게 상상할 수 없는 이유는 뭘까? 그 대답은 아주 단순하게도 우리에게 익숙하지 않은 현상이기 때문이다. 일상생활에서 우리의 속도는 빛 속도보다 언제나 현저히 느리기 때문에 가시적으로 나타나는 효과를 느끼기 어렵다. 바로 이 속도 차이가 절대적인 지속 시간과 거리라는 환상을 심어 주는 것이다!

모든 것이 상대적이지는 않다

우리는 세실과 아드리앵이 느끼는 1초의 지속 시간과 기차 객실의 길이가 다르다는 것을 충분히 확인했다. 이에 따라 지속 시간과 길이에 대한 논의를 포기해야 할까? 다행히도 아니다! 다시 샤를로트와 니콜라의 상황으로 돌아가자. 과연 니콜라의 '키'를 단일 방식으로 정의할 수 있을까? 약간의 의심을 품는다면 샤를로트는 "아니, 그것은 전적으로 우리 사이의 거리에 달려 있어"라고 대답할 수도 있다. 하지만 분명 니콜라가 직접 잰 자신의 '실제' 키는 그의 신체를 따라 측정한 길이일 것이다. 따라서 그는 샤를로트의 지각에 영향을 미치는 원근법 효과로부터 자유롭다.

이처럼 물체의 길이나 사건의 지속 시간을 정의하려면 상대론적 효과를 줄여야 한다. 아드리앵이 타고 있는 객실의 '진짜' 길이(고유 길이)는 객실 안에 가만히 있는 아드리앵이 직접 측정한 것이지, 길이 수축에 현혹된 세실이 측정한 것이 아니다. 열차의 스피커에서 나오는 방송의 '진짜' 지속 시간(고유 시간)도 세실이 아닌 아드리앵이 측정한 것이다. 이에 반해 플랫폼의 길이나 플랫폼에서 나오는 방송의 진짜 지속 시간을 알려 줄 사람은 바로 세실이다.

그래서 "모든 것은 상대적이다"라는 표현은 주의해서 받아들여야 한다. 기차의 위치나 속도와 같은 일부 물리량은 그것을 정의할 특권적인 관점이 없기 때문에 상대적이다. 반면 다른 물리량은 엄밀히 말해서 상대적이지 않다. 기차의 길이가 바로 그 경우다. 적용하는 관점에 따라서 길이가 달라지는 것은 확실하지만, 모든 관점이 동등하지는 않다. 기차의 길이를 절대적인 방식으로 설정하는 특별한 관점이 있는데, 바로 기차에 타고 있어서 상대론적 효과의 영향을 받지 않는 아드리앵의 관점이다. 상대적이지 않은 또 다른 물리량은 바로 기차의 가속도다. 쌍둥이 역설을 통해 이를 살펴보도록 하자.

쌍둥이 역설

방금 우리는 아드리앵과 세실 모두가 상대방의 시계가 느리게 간다고 느끼는 현상이 선험적으로는 전혀 모순되지 않다는 것을 살펴보았다. 그러나 음파 탐지기를 발명한 것으로도 잘 알려진 프랑스의 물리학자 폴 랑주뱅Paul Langevin은 1911년 특수 상대성 이론의 일관성에 의문을 제기하면서 황당하리만큼 유명한 사고 실험을 펼쳤다. 사고 실험의 대상은 쌍둥이 형제다. 형은 모험가로, 태양계와 이웃한 별 알파 센타우리를 초고속 우주선으로 왕복한다. 집에 있기를 더 좋아하는 동생은 지구에 머무르며, 플랫폼에 서 있던 세실처럼 형보다 자신의 시곗바늘이 더 빠르게 움직이고 있는 것을 보면서 여행에서 돌아온 형보다 자신의 나이가 더 많을 것이라고 예상한다. 하지만 여행하는 형의 관점에서 보면 움직이는 것은 다름 아닌 지구다. 그렇기 때문에 그는 지구로 다시 돌아왔을 때 동생보다 자신이 더 나이가 들어 있을 것이라고 예상한다. 이번에는 둘 다 옳다고 할 수 없다. 특수 상대성 이론이 자가당착에 빠진 것일까? 여기서 발생하는 모순의 핵심은 더 이상 관점의 반전이 불가능하다는 점이다.

앞에서 본 것처럼, 세실과 아드리앵의 상황은 완벽하게 대칭적이며 시간 팽창 역시 상반적으로 나타난다. 그 이유는 아드리앵이 탄 기차가 가속하지 않고 일정한 속도로 움직이기 때문이다. 열차 객실 창문이 불투명하다면 아드리앵은 기차가 움직이고 있다는 사실을 알 방법이 없을 것이다. 하지만 알파 센타우리로 급가속해 날아간 다음 멈추었다가 방향을 틀어 지구로 돌아온 쌍둥이 형의 경우는 그렇지 않다. 우주선 창문이 불투명하더라도 형은 우주선이 가속하고 감속하는 것을 체감할 수 있다. 마치 롤러코스터의 속도를 느끼는 것처럼 말이다. 하지만 지구에 남아 있는 쌍둥이 동생은 아무것도 느끼지 못한다. 따라서 상반성은 존재하지 않는다.

특수 상대성 이론에 모순이 없다면, 이 이론이 우리에게 시사하는 바는 무엇일까? 특수 상대성 이론은 쌍둥이 형의 관점을 설명하지 못한다. 바로 여기서 가속 운동을 설명하는 **일반 상대성 이론**이 필요해진다. 특수 상대성 이론은 지구에 있는 쌍둥이 동생의 관점을 잘 설명하고 정당화한다. 쌍둥이 동생은 우주여행을 마치고 돌아온 형보다 나이가 많을 것이다.

아드리앵과 세실의 관점은 두 사람 모두 가속하지 않기 때문에 뒤바뀔 수 있지만 랑주뱅의 쌍둥이 경우는 그렇지 않다!

여기서 기억해야 할 점은 우주를 여행하는 사람의 노화가 더디다는 사실이다. 지금까지는 로켓의 속도가 빛 속도를 따라가지 못한데다가, 닐 암스트롱도 눈에 띌 만한 영향을 받지 않고 달에서 돌아왔다. 그러나 그 정도가 아무리 약하다고 하더라도 이 효과는 실제로 존재하며, 1971년에는 원자시계의 정확도 덕분에 측정할 수 있었다. 비행기를 타고 지구를 몇 바퀴 돈 원자시계가 지상에 남아 있던 원자시계보다 몇 나노 초 뒤처졌다!

시간을 거스를 수 있을까?

우주여행 중인 쌍둥이 형이 더 천천히 나이가 든다면 자신의 자녀들보다 더 어린 상태로 지구에 돌아올 수도 있을까? 정답은 그렇다! 생물학적으로는 충분히 가능하다. 여기서 주의할 점은 시간을 거슬러 올라간다는 뜻은 아니라는 것이다. 즉 쌍둥이 형이 젊어지는 것이 아니라 그의 자녀들이 더 빠르게 늙어 가는 것이다. 인과율은 정확하게 보존된다. 다시 말해 쌍둥이 형은 많은 공상 과학 소설이 상상하듯 자신의 자녀가 아직 태어나지 않았던 시기로 돌아가서 시간의 역설을 만들 수는 없다.

광자에 올라타면

지구에 남아 있는 동생을 살아서 만나고 싶다면 쌍둥이 형은 서둘러 움직여야 할 것이다. 상상력을 좀 더 발휘해서 쌍둥이 형이 빛 속도에 이르렀다고 가정해 보자. 재회한 형제의 나이 차는 어떻게 될까?

알파 센타우리는 지구에서 4광년가량 떨어져 있기 때문에 지구에 있는 쌍둥이 동생의 관점에서는 왕복 여행에 8년 정도가 걸릴 것이다. 그런데도 쌍둥이 형의 얼굴에는 주름살 하나 생기지 않을 것이다. 형에게는 우주여행이 거의 즉각적으로 일어나기 때문이다! 형의 관점에서는 길이 수축이 일어나면서 별을 지구로 바싹 끌어당겨 마치 순간 이동하듯 느껴졌을 것이다. 한편 쌍둥이 동생의 관점에서 별은 움직이지 않았다. 즉 8년 동안의 우주여행에서 형의 시간을 고정시킨 것은 바로 시간 팽창이다!

따라서 다음과 같은 질문이 생긴다. 쌍둥이 형은 빛의 속도로 가속하면서 무엇을 보게 될까? 아인슈타인은 열여섯 살 때부터 스스로에게 이 질문을 던졌고, 아마도 그 답을 찾기 위한 고민이 그를 올바른 길로 인도했을 것이다. 〈스타 워즈〉 팬들은 부디 실망하지 말기를. 시각적 효과는 밀레니엄 팰컨이 이륙할 때 관찰된 모습과 매우 다를 것이다!

우선 쌍둥이 형의 시야는 급격히 좁아질 것이다. 비가 쏟아지는 날 앞으로 달리면 얼굴에 정면으로 비를 맞게 되는 것처럼, 그에게 도달하는 빛은 전면으로 집중되어 '터널' 효과를 일으킨다. 쌍둥이 형이 가속함에 따라 뒤에서 오는 빛은 그를 따라잡으려고 점점 더 애를 쓸 것이고, 시간은 점점 더 느려지는 듯이 보일 것이다. 따라서 지구는 어두워지고 점점 느리게 회전하는 것처럼 보인다. 반대로 형의 앞에 있는 별들은 점점 더 빠르게 회전하고 밝아질 것이다. 시간 왜곡으로 인해 색상이 크게 영향을 받아 우주선의 앞쪽은 푸른색으로, 뒤쪽은 붉은색으로 변한다. 이것은 5장에서 만나게 될 도플러 효과의 발현이기도 하다.

E=mc² 파헤치기

우리는 방금 빛의 속도로 여행하는 즐거운 상상을 했다. 과연 이 상상은 현실이 될 수 있을까? 안타깝게도 대답은 '아니요'다. 아인슈타인은 질량이 없는 입자들만이 빛의 속도로 움직일 수 있다고 말한다. 여기서 잠깐! 입자가 어떻게 질량이 없을 수 있단 말인가? 그렇다면 질량이란 무엇일까? 대수롭지 않은 것처럼 보이지만 그 기저에는 역사상 가장 유명한 공식인 $E=mc^2$으로 구현된 아주 미묘한 개념이 숨어 있다.

관성 혹은 중력

특수 상대성 이론이 등장하기 전, 물리학자들은 질량에 관해 두 가지 정의를 사용했다. 첫 번째 정의는 중력을 뜻하기도 하는 라틴어

그라비스gravis에서 유래한 중력 질량이다. 이 질량은 물체가 중력장에 얼마나 민감한가를 결정한다. 자전거는 자동차보다 쉽게 들어 올려지기 때문에 자동차보다 질량이 작다. 두 번째 정의는 관성 질량으로, 가속(또는 감속)에 대한 물체의 저항을 측정하며 관성이라는 용어를 제공한다. 자전거는 자동차보다 달리다가 멈추기 쉽기 때문에 자동차보다 관성 질량이 작다.

이 두 정의는 동등한 것으로 밝혀졌다. 중력 질량과 관성 질량이 동등하기 때문에 우리는 간결하게 질량이라는 용어를 사용할 것이다. 하지만 이 동등함이 명백하지는 않다. 이것이 바로 **뉴턴의 등가 원리**다.

이 등가 원리는 자유 낙하가 질량과 무관하다는 갈릴레이의 직관을 설명한다. 왜 2킬로그램짜리 수박이 1킬로그램짜리 멜론과 같은 속도로 떨어질까? 수박의 중력 질량이 두 배 더 크니 땅이 수박을 두 배 더 강하게 끌어당기는데 말이다. 그 이유는 관성 질량 또한 두 배 더 크기 때문에 그만큼 가속도가 느려서다. 두 현상이 서로를 완벽하게 상쇄하여 수박과 멜론은 동시에 땅에 닿는다.

질량에 감춰진 진실

왜 물리학자들은 질량과 같은 단순한 개념을 이토록 세심하게 정의하려고 애쓸까? 물체의 질량은 단순히 해당 물체에 포함된 물질의 양을 나타내는 척도 아닌가? 전혀 그렇지 않다! 당신을 설득하기 위해 두 가지 예를 살펴보도록 하겠다.

먼저 당신이 지금 공기에 의한 마찰이 없는 세계에서 자전거를 타고 있다고 상상해 보자. 만약 빛 속도에 근접해질 만큼 충분히 오래 페달을 밟는다면 페달을 돌리는 데 필요한 힘이 점점 증가한다는 사실을 알게 될 것이다. 페달을 밟을 때마다 자전거는 점점 무거워져서 빛 속도에 이르지 못하게 된다. 자전거의 구성 성분에는 변함이 없지만 질량(즉 가속에 대한 자전거의 저항)이 그 이동으로 인해 증가하기 때문이다.

두 번째 예로, 산소 원자 두 개와 그 질량을 측정할 수 있는 초정밀 저울이 있다고 상상해 보자. 두 원자의 무게를 각각 저울에 달아 보면 같은 값이 나온다. 이번에는 두 원자를 합쳐 숨 쉬는 데 필요한 분자인 이산소dioxygen를 만들어 무게를 재어 보자. 아마도 저울에 표기된 값이 이전보다 두 배 더 클 것이라고 예상하겠지만, 놀랍게도 저울에는 두 원자를 합친 것의 질량보다 약간 더 큰 수치가 나난다. 그 이유는 무엇일까? 두 원자가 만나면 화학 결합이 형성되는데,

자전거의 질량은 빠르게 움직일 때 증가하는데, 이는 원자들이 결합해서 분자를 형성할 때 그 원자들의 질량이 증가하는 것과 같은 이치다.

이 결합은 원자들을 묶는 일종의 보이지 않는 다리다. 어떤 새로운 물질을 만들어 내지 않으면서도 전체 질량을 증가시키는 것이 바로 이 다리다.

분자에서 쿼크까지

질량에 관한 직관적인 정의는 이제 두 가지 매우 놀라운 사실과 충돌하게 되었다. 물체의 질량은 해당 물체를 구성하는 물질뿐만 아니라 해당 물체의 움직임 및 내부 상태와도 관련이 있다는 것이다. 핵심은 바로 물체의 질량이 해당 물체의 내부 에너지 측정과 다를 바 없다는 것이다. 우리 신체의 질량은 우리를 구성하는 요소들이 움직이는 에너지와 그 성분들의 상호 작용 에너지에서 비롯된다. 그렇다면 이 구성 요소들은 대체 무엇일까?

각 성분들은 모든 규모에 걸쳐 존재한다.

- 물질은 분자로 구성되어 있다.
- 분자는 원자로 구성되어 있다.
- 원자는 양성자와 중성자로 구성된 원자핵과 그 주변을 둘러싼 전자로 구성되어 있다.
- 양성자와 중성자는 우리가 알고 있는 가장 기본적인 소립자인 쿼크로 구성되어 있다.

이 모든 구성 요소는 진동하고 상호 작용하면서 질량을 생성한다. 분자는 정전기 상호 작용을 통해 서로를 끌어당기고, 원자는 화학 결합을 형성하며, 양성자와 중성자는 강한 상호 작용이라고 하는 일종의 강력 접착제에 의해 응집된다.

자, 이제 물질의 가장 기본적인 구성 요소인 쿼크에 대해 이야기해 보자. 쿼크는 하위 구성 요소를 갖지 않는다. 쿼크는 어디에나 있는 이상한 실체인 **힉스장**과 상호 작용하여 자체 질량을 얻는다. 비록 이 메커니즘은 너무 복잡해서 여기서 상세히 다룰 수는 없지만, 힉스장과 관련된 입자인 힉스 보손에 대해 들어 본 적은 있을 것이다. 힉스 보손은 2012년 세른CERN[1]에서 발견된 것으로, 당시 모든 언론의 관심을 불러일으켰다. 그 이듬해에는 1964년부터 이 입자의 존재를 주장해 왔던 물리학자 피터 힉스와 프랑수아 앙글레르가 노벨 물리학상을 수상했다.

우리는 힉스장이 '물질에 질량을 부여한다'는 통상적인 아이디어에 주의할 필요가 있다. 힉스장이 쿼크와 같은 소립자에 질량을 부여하는 것은 맞지만, 소립자는 인체 질량의 일부에 불과하다. 나머지 질량은 앞서 설명한 다른 형태의 에너지에서 비롯되며, 그중 강한 상호 작용이 가장 큰 역할을 한다.

....

[1] 유럽 원자력 연구 기구Conseil Européen pour la Recherche Nucléaire의 약자다. 힉스 입자의 검출은 프랑스와 스위스의 국경에 설치된 거대한 입자 가속기인 강입자 충돌 장치 Large Hardron Collider, LHC 안에서 수행되었다.

마법의 공식

이렇게 에너지와 질량은 하나이며 같은 것이다. 이를 **질량 에너지 등가 원리**라고 부른다. 당신이 가만히 한자리에 서 있을 때에는 다양한 형태의 에너지가 포함되어 있는데, 그 에너지가 모여 당신의 **질량 에너지**를 구성한다. 과연 이것에는 어떤 의미가 있을까? 그 답은 아인슈타인이 **기적의 해**에 발표한 네 번째 논문에 포함되어 있다. 바로 그 유명한 $E=mc^2$ 공식이다. 이 공식은 물체가 갖는 질량 에너지 E는 질량 m과 빛 속도를 제곱한 c^2을 곱한 값과 동일하다는 것을 나타낸다. 체중계에 올라 몸무게를 재는 것은 당신이 갖고 있는 모든 형태의 에너지를 합한 값을 측정하는 것이다!

만약 당신이 가만히 서 있지 않고 달리는 중이라면 **운동 에너지**가 질량 에너지에 더해지기 때문에 당신의 질량은 증가한다. 하지만 그 정도는 미비하다! 당신의 질량이 80킬로그램이고 시속 20킬로미터로 달리고 있다면, 당신의 운동 에너지는 약 1000줄Joule이다. 이는 전구에 1분 동안 에너지를 공급할 수 있는 양이다. 그에 비해 당신의 질량 에너지는 약 1000경(10^{19}) 줄로, 이는 프랑스 전역의 에너지 수요를 수년 동안 충족시킬 정도로 어마어마한 양이다!

테니스공이나 자동차, 심지어 로켓과 같은 물체까지도 그 속도가 항상 빛 속도에 비해 터무니없이 작기 때문에 본질적으로 비상대론적이다. 이런 물체들은 운동 에너지가 질량 에너지보다 훨씬 낮기 때문이다. 하지만 이는 질량 에너지가 0일 수도 있는 소립자의 경우에는 해당되지 않는다!

질량이 없는 에너지?

앞서 이야기했듯, 양자 물리학에 의하면 빛은 광자라 불리는 '질량이 없는' 입자의 흐름이다. $E=mc^2$ 공식대로라면, 질량이 없는 광자는 에너지를 포함하지 않는다. 어떻게 이런 것이 존재할 수 있을까? '존재'하기 위해서는 적어도 최소한의 에너지를 갖고 있어야 하지 않을까?

사실상 이 혼동은 잘못된 표현에서 비롯된 것이다. 광자는 종종 알려져 있듯이 질량이 없는 것이 아니라 '질량 에너지'가 없는 입자다. 실제로 광자는 (하위 구성 요소가 없는) 소립자로, 쿼크와 달리 힉스장과 상호 작용할 수 없다. 따라서 광자가 갖는 유일한 에너지 형태는 광자의 움직임과 연관된 운동 에너지뿐이다. 이 에너지가 광자에 질량을 부여하고, 심지어 느낄 수도 있다. 광자는 물체의 표면에 부딪히면서 **복사압**을 가하는데, 이는 공기 분자에 의해 발생하는 대기압과 흡사하다.

우주 범선

연료 없이 성간 항해를 한다? 이것은 정확히 2016년 러시아의 억만장자 유리 밀너 Youri milner가 시작한 '브레이크스루 스타샷 Breakthrough Starshot' 프로젝트의 목표다. 주요 계획은 반사할 수 있는 아주 거대한 '돛'을 만드는 것인데, 질량이 아주 작은(1그램 미만) 이 돛은 단순한 복사압에 의해 가속할 수 있다. 돛은 지구에서부터 강력한 레이저로 추진될 수 있고, 그다음에는 별빛에 의해 추진되어 마치 바다 위를 떠다니는 물병처럼 우주를 항해할 것이다.

핵에너지

방금 살펴본 것처럼, 물체의 질량은 단순히 그 구성 요소들의 질량의 합이 아니다. 이러한 구성 요소들의 결합에 포함된 에너지를 더해야 한다. 이러한 결합을 끊어 내면 엄청난 양의 질량 에너지를 바로 끌어낼 수 있다. 그 방법은 무엇일까?

첫 번째 방법은 물질을 태우는 것이다. '연소'는 원자들 사이의 화학 결합을 끊고, 원자들이 보유하고 있던 에너지를 방출한다. 석탄 발전소의 원리가 바로 이것이다. 두 번째 방법은 원자의 핵을 구성하는 양성자와 중성자의 결합을 끊는 것으로, 이것은 원자력 발전소의 원리다. 이렇게 얻는 에너지는 연소로 얻는 에너지보다 그 양이 훨씬 많다. 석탄 1킬로그램을 연소하면 겨우 방 한 칸을 따뜻하게 할 수 있지만, 우라늄은 1킬로그램 미만의 양으로도 히로시마에서 끔찍한 원자 폭탄 폭연을 일으켰다.

핵에너지를 추출하는 방법에는 두 가지가 있다. 첫 번째는 **핵분열**로, 오늘날 원자력 발전소에서 사용하는 방법이다. 이 방법은 큰 원자에 중성자를 충돌시켜 두 개의 작은 원자들로 쪼개는 것이다. 그 과정에서 끊어진 결합에 포함되어 있던 에너지와 중성자가 방출되고, 중성자는 차례로 다른 원자들을 파괴한다. 핵분열은 이러한 연쇄 반응이 자체적으로 지속되는 성질을 갖는데, 이는 원자력 발전소의 위험 요소 중 하나이기도 하다. 연쇄 반응을 통제하지 못하는 상태에 이르면 1986년 체르노빌 원자력 발전소 사고 같은 끔찍한 재앙을 야기할 수 있기 때문이다.

원자에서 에너지를 추출하는 또 다른 방법은 핵분열의 역과정을 이용하는 **핵융합**이다. 핵융합은 핵에 하나 또는 두 개의 중성자가 더 있다는 점을 제외하고는 수소와 유사한 두 개의 작은 원자에서부터 출발한다. 이러한 원자에는 과잉 중성자가 빠져나가려는 성질이 있기 때문에 흔히 불안정하다고 여겨진다. 그래서 이러한 중성자들은 결합 에너지가 큰 경우에만 핵 안에 머무를 수 있다. 따라서 고온 상태에서 핵은 무거운 중성자 중 하나를 방출하고 헬륨 원자핵을 형성하며, 결합 에너지는 복사의 형태로 방출된다. 별에 동력을 공급하는 과정이 바로 이 핵융합이다.

국제 핵융합 실험로 프로젝트

핵융합은 오늘날 가장 큰 국제 과학 협력 프로젝트인 '국제 핵융합 실험로 International Thermonuclear Experimental Reactor, ITER'의 목표다. 2007년에 시작된 이 프로젝트는 프랑스에서는 남부의 소도시 엑상프로방스 근교에 핵융합로 건설을 추진하고 있다. 핵융합 반응을 제어하기 위해서는 금속 성분이 용해되지 않고 태양 중심부의 온도와 압력 조건을 구체적으로 재현해야 하는, 중대한 기술적 장애를 극복해야 한다. 어려운 프로젝트지만 시도해 볼 만한 가치는 충분하다. 핵분열로 인한 방사성 폐기물과 달리, 핵융합 과정에서 형성되는 헬륨 원자는 완전히 무해하기 때문이다.

두 번째 여행

새로운 중력

"나는 베른 특허청 사무실의 내 자리에 앉아 있었다. 갑자기 자유 낙하를 하는 사람은 자신의 몸무게를 느끼지 못하리라는 것이 이해되었다. 금세 그 생각에 사로잡혔고, 이는 나에게 큰 영감을 주어 새로운 중력 이론으로 이끌었다."

알베르트 아인슈타인

물리학의 주요 목표 중 하나는 우리가 알고 있는 지식과 경험들을 단순한 원리로 정립하는 것이다. 우리에게 낯설어 보이는 현상과 개념들은 위대한 물리학자들의 천재성 덕분에 모든 역경을 딛고 융화해 현실에 관한 이해에 혁명을 일으킬 수 있었다. 알베르트 아인슈타인에게 기적의 해라고 할 수 있는 1905년, 공간과 시간을 하나로 통합하고 질량과 에너지를 통합하는 개념이 등장한다.

새로운 역학인 특수 상대성 이론은 등장과 함께 큰 반향을 일으켰고, 아인슈타인을 당대 위대한 과학자 반열에 올렸다. 하지만 이 이론은 불완전하게 세워진 체계였다. 바로 중력을 간과한 것이다. 무엇보다도 물체의 운동을 설명하는 이론에는 반드시 필요한 점이었다!

1905년 말엽부터 아인슈타인의 과업은 중력을 자신의 상대성 이론에 통합하는 것이었다. 10여 년의 연구 끝에 마침내 일반 상대성 이론이 빛을 보게 된다. 이 이론은 질량과 에너지 쌍과 공간과 시간 쌍 사이의 상호 작용을 설명함으로써 물리학의 이론적 통합이라는 야망을 추구한다. 일반 상대성 이론은 아주 익숙하게만 느껴졌던 중력에 대한 우리의 직관을 완벽히 뒤집음으로써 특수 상대성 이론보다 더 강력한 패러다임 변화를 야기했다.

뉴턴의 사과

중력은 우리 모두가 알고 있는, 지구의 표면에 우리가 서 있을 수 있도록 하는 힘이자 행성들의 움직임을 지배하는 힘이다. 아주 단순한 듯하지만 아리스토텔레스, 뉴턴, 아인슈타인이 말한 과학사의 위대한 세 가지 이론의 주제이기도 하다. 아리스토텔레스는 물체의 자연스러운 움직임을, 뉴턴은 보편적인 힘을, 아인슈타인은 시공간의 왜곡을 말한 것처럼 중력은 다양한 차원에서 논의되어 왔다. 중력에 숨겨진 이야기를 통해 연속성과 불연속성 사이에서 과학이 어떻게 작용하는지 살펴보자.

아리스토텔레스의 중력

'자연, 본성'을 의미하는 그리스어 퓌시스_{phusis}에 어원을 둔 고대의 물리학은 우리가 앞서 살펴본 아리스토텔레스의 주장에서 볼 수 있듯이 무엇보다도 사물의 '본성'을 설명하고자 했다. 예를 들면 무거운 물체가 더 빠르게 떨어지는 것도 '자연'의 이치고, 물체의 속도가 느려지는 것도 '자연'의 이치다.

아리스토텔레스는 2000년이 지난 후에야 뉴턴이 정립한 중력 개념을 도입할 수는 없었다. 아리스토텔레스에 따르면 공중에서 물체가 아래로 가속되거나, 물속에서 위로 가속되는 것은 물체가 '자연의 장소'로 되돌아가는 자발적인 움직임이다. 그렇다면 천체의 움직임은 어떨까? 아리스토텔레스에게 천체는 완전히 다른 물리학 법칙, 이른바 '달 너머의' 법칙에 지배받는 존재다.

물체가 땅으로 떨어질 때 자연스러운 움직임을 따른다는 중력에 관한 선험적이고 매우 순진한 관점은 이상하게도 앞으로 보게 될 아인슈타인의 이론을 연상시킨다. 그의 이론을 알아보기 전에, 17세기 영국으로 돌아가 두 번째 중력 이론인 아이작 뉴턴의 만유인력에 대해 이야기해 보자.

네 번째 법칙

낮잠을 자다가 머리 위로 떨어진 사과 때문에 갑자기 잠을 깬 후 중력을 발견했다는 **뉴턴**의 일화는 누구나 들어 봤을 것이다. 신화일까, 아니면 실화일까? 문제의 사과가 사람들의 말처럼 뉴턴의 머리 위로 떨어진 것은 아니지만, 뉴턴의 말대로라면 사과의 낙하가 그의 중력 이론 정립에 영감을 준 것은 사실이다. 갈릴레이와 마찬가지로 뉴턴은 사과가 위나 대각선이 아니라 아래쪽으로 떨어진다는 것을 확실한 증거로 수용하지는 않았다. 뉴턴이 제시한 세 가지 운동 법칙이 힘에서 비롯된다는 것을 기억하자. 그러니 사과가 떨어지는 것이 예외일 수는 없다! 뉴턴은 저서 《프린키피아》에서 자신의 네 번째 법칙으로 간주되는 **만유인력의 법칙**을 다음과 같은 형식으로 정립했다.

"두 물체는 힘에 의해 서로를 끌어당기는데,
그 힘의 세기는 두 물체의 질량의 곱에 비례하고
두 물체 사이 거리의 제곱에 반비례한다."

이 힘을 '보편 중력'이라고도 한다. 천체뿐만 아니라 지구상의 물체에도 적용되는 힘이기 때문이다. 코페르니쿠스가 발견한 경로를 따라, 뉴턴은 달 아래의 물리학과 달 너머 물리학 사이에서 수천 년간 이어져 온 공백을 완전히 없앴다. 이러한 관점에서 뉴턴은 우리가 다음 장에서 살펴볼 일반 상대성 이론과 대척하는 '고전' 중력 이론이라고 불리는 것을 확립했다. 그리고 이 법칙은 이후 2세기 동안 논쟁에서 우위를 차지하였다.

우선 뉴턴의 네 번째 법칙이 무엇을 의미하는지부터 살펴보자.

앞서 말했듯이 중력 상호 작용의 세기는 두 물체 사이 거리의 제곱에 반비례한다. 두 물체 사이의 거리가 두 배로 멀어지면 서로 가해지는 힘은 네 배 줄어드는 것이다. 즉 거리가 멀어질수록 끌어당기는 힘은 줄어든다! 또한 힘의 세기는 물체의 질량과도 관련이 있다. 물체의 질량이 클수록 지구가 물체를 끌어당기는 힘은 강해진다.

주목할 만한 또 다른 사실은 중력 상호 작용의 즉각성이다. 서로 떨어진 거리에 관계없이 두 물체는 즉각적으로, 그리고 동시에 서로의 존재를 감지한다. 따라서 태양의 중력장은 1억5000만 킬로미터나 떨어져 있는 지구까지 즉각적으로 이동해 지구의 움직임에 영향을 미친다. 태양이 갑자기 사라진다면 지구는 그 즉시 회전 궤도에서 벗어날 것이다!

특수 상대성 이론에 대한 친숙함으로부터 당신은 다음과 같은 힌트를 얻을 수 있다. 어떤 정보도 빛보다 빨리 전파될 수 없기 때문에 뉴턴이 말하는 중력의 즉각성은 아인슈타인을 기쁘게 하지 않을 것이다.

최초의 성과

뉴턴의 네 번째 법칙이 미치는 영향은 상당했다. 그동안 해결되지 못한 문제들에 수학적인 통찰력을 제공했기 때문이다. 만유인력의 법칙은 발사체가 포물선 궤도를 따른다는 것을 보여줌으로써 포탄을 비롯한 여러 발사체 운동을 연구하는 물리학의 한 분과에 혁명을 일으키고, 탄도학을 탄생시키기까지 했다. 또한 지구상 물체의 운동에만 국한하지 않고 하늘로 눈을 돌려 천체 역학, 즉 천체 운동에 대한 연구 기반을 다지기도 했다. 자세한 이해를 위해서는 이 법칙을 둘러싼 주변 이야기들을 알아 둘 필요가 있다.

뉴턴이 《프린키피아》를 발표하기 한 세기 전, 독일의 천문학자 **요하네스 케플러**Johannes Kepler, 1571-1630는 별 주위 행성들의 움직임을 설명하는 세 가지 법칙을 공표했다. 가장 시각적인 제1 법칙에 대해 먼저 알아보자. 제1 법칙은 태양 주위를 도는 행성의 궤적이 다음 그림처럼 필연적으로 타원임을 나타낸다. 타원은 일종의 짓눌린 원, 즉 계란 모양으로 하나의 중심이 아니라 타원의 초점이라고 하는 두 개의 중심으로 정의된다. 행성이 타원의 어디에 위치하든 두 초점까지의 거리의 합은 언제나 동일하다. 케플러의 제1 법칙은 또한 태양이 타원의 초점 중 하나에 위치한다는 것을 명시한다.

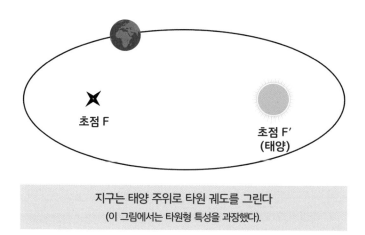

초점 F

초점 F′
(태양)

지구는 태양 주위로 타원 궤도를 그린다
(이 그림에서는 타원형 특성을 과장했다).

케플러에게는 자신의 법칙을 증명할 어떤 수학적 도구도 없었다. 따라서 그는 덴마크인 친구 튀코 브라헤 Tycho Brahe, 1546-1601가 세밀하게 수집한 화성 관찰 자료를 바탕으로 자신의 법칙을 추측했다. 케플러에게는 뉴턴이 《프린키피아》에서 제안한 것과 같은 이론적 틀이 부족했다. 뉴턴은 자신의 네 가지 법칙을 이용해서 케플러 법칙을 수학적으로 증명하는 데 성공했다.

뉴턴의 네 가지 법칙의 가장 큰 성과는 나무에서 떨어지는 사과, 공중에서 포물선을 그리며 날아가는 포탄, 태양 주위를 회전하는 지구와 같이 매우 다양한 일상 경험과 현상들을 수학적으로 통합해 설명했다는 것이다. 사과와 포탄, 지구는 모두 같은 힘을 받지만 각각의 속도는 매우 다르다. 움직임이 없던 사과는 지구의 중심을 향해 똑바로 떨어진다. 대포에서 발사된 포탄은 땅으로 떨어지기 전까지 먼 거리를 날아갈 수 있을 만큼 빠른 속도를 갖는다. 반면에 지구는 시속 10만 킬로미터라는 어마어마한 속도로 태양을 향해 추락하지 않고 그 주위를 공전한다!

조수는 어떻게 일어날까?

뉴턴 역학은 일반적으로 설명하고자 하는 물체들을 점과 동일시한다(이 점을 질점이라고 한다). 즉 공이나 행성의 궤적을 연구하기 위해서 물체의 모든 질량이 그 중심인 같은 장소에 모여 있다고 간주한다. 이런 단순화는 물체의 궤적에는 영향을 미치지 않지만, 중력에 기인하는 중요한 영향인 기조력을 배제한다. 기조력은 지상에서 우리가 알고 있는 조수潮水를 발생시킨다.

바다의 조수를 일으키는 것은 놀랍게도 달이다(물론 그보다 덜하지만 태양의 영향도 있다). 달을 향한 쪽의 지구면이 반대편보다 강한 인력을 느끼기 때문이다. 달의 기조력 때문에 지구와 달이 마주 보는 부분보다는 약하지만 반대쪽 부분도 부풀어 오르며 바닷물의 높이를 끌어올리고, 지구가 자전하면서 만조가 발생한다.

해왕성 발견

뉴턴 법칙이 발표되고 1세기 반이 지난 후 이 법칙의 가장 아름다운 예시 중 하나가 찾아왔다. 바로 태양계 안에서 새로운 행성을 발견한 것이다!

가족 초상화

나폴레옹이나 베토벤과 동시대를 살았던 천문학자들에게 태양계는 오늘날처럼 여덟 개가 아닌 일곱 개의 행성으로 구성되어 있었다. 이미 그 행성들의 이름을 잘 알고 있을 테지만, 막내 행성을 만나기 전에 우선 태양계의 아름다운 행성 가족을 소개하는 시간을 갖도록 하자.

태양에 가장 가까운 행성은 수성이다. 대기가 없는 작은 지옥 구슬 같은 이 행성에서 우리는 얼음덩어리 혹은 불타 버린 한줌의 재가 될 것이다. 태양과 마주 보는 면의 온도는 섭씨 400도 이상이지만, 그 반대편의 온도는 영하 150도까지 떨어지기 때문이다! 언젠가 인류가 발을 딛기에는 너무도 극단적인 이 작은 행성은 여기서 말하는 이야기에서 아주 중요한 역할을 한다. 부디 잘 기억해 두기를 바란다!

이어서 우리에게 친숙한 금성, 지구, 화성을 살펴보자. 세 행성은 수성과 함께 암석이나 금속 등 고체 상태 물질을 주성분으로 하는 일명 지구형 행성들이다. 금성은 그 이름이 가진 아름다움과는 달리 전체 태양계에서 가장 척박한 행성이다. 과열되고 밀도가 높으며 산성인 대기로 인해 평균 기온은 섭씨 460도인 데다 대기압은 지구보다 무려 92배 더 높다.

지구 소개는 건너뛰도록 하고, 지구의 이웃 행성인 화성도 간단히 살펴보자. 크기도 더 작고 태양에서 조금 더 떨어진 붉은색 행성인 화성은 지구와 아주 닮았다. 오늘날에는 거의 사막에 가까운 화성은 지구의 현재와 비슷한 과거를 가졌을 것으로 추정된다. 지구와 매우 가까워서 육안으로도 화성의 붉은빛을 관찰할 수 있다. 또한 먼 훗날 인류가 거주할 수 있는 유력한 후보 행성이다.

태양계의 다음 행성은 목성이다. 기체로 이루어진 첫 번째 거대 행성으로 태양계의 행성들 중 가장 크고 무겁다. 목성의 질량은 다른 모든 행성의 질량을 합친 것보다 두 배 이상 크다! 목성의 표면은 목성 탐사선 보이저 1호가 1979년 처음 촬영한 그 유명한 대적점大赤點과 같은, 지구만큼 거대한 크기의 수백 년된 폭풍에 휩싸여 있다.

목성의 크기에 맞먹는 토성은 아름다운 고리를 갖고 있다. 토성의 고리는 처음 그것을 발견했던 갈릴레이의 단출한 천체 망원경으로 보았을 때에는 비단결처럼 매끄럽게 보였지만, 훗날 전자기학의 아버지가 될 제임스 맥스웰은 1859년에 토성의 고리가 수십억 개의 작은 암석 물질과 얼음으로 구성되어 있음을 발견했다.

일곱 번째 행성인 천왕성은 희미한 밝기 때문에 18세기가 되어서야 처음으로 관측되었다(앞선 여섯 개의 행성은 고대부터 육안으로 관찰되었다). 19세기까지 천왕성은 태양에서 가장 멀리 떨어진 행성이라는 칭호를 유지했다. 어두운 밤하늘의 저 멀리 떨어져 있는 마지막 작은 행성을 발견하기 전까지는 말이다.

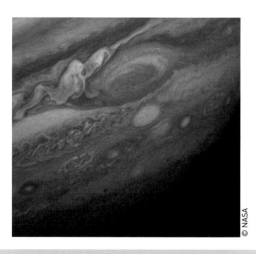

보이저 1호가 촬영한 목성의 대적점. 아찔할 정도의 크기다. 지름이 무려 1만2000킬로미터에 달하며 시속 700킬로미터 이상의 바람이 불고 있다.

우주에는 생명체가 있을까?

지구가 아닌 우주의 다른 곳에 생명체가 존재할까? 흥미를 유발하는 질문이지만 그 답은 여전히 밝혀지지 않고 있다. 태양계 밖에 있는 행성(외계 행성)들을 최초로 관측한 1995년 이후 천문학자들은 은하 전체에서 외계 생명체의 신호를 추적하고 있다. 그러나 외계 행성은 지구에서 너무 멀리 떨어져 있기 때문에 물리적으로 만날 수 있는 가능성은 희박해 보인다.

지구의 이웃인 화성은 지구와 가장 유사한 환경인 것으로 밝혀졌지만(물의 흔적까지 발견했다), 아직까지 화성에 생명체가 서식한다는 증거는 없다. 2020년 9월, 영국 웨일스 연구 팀은 금성의 대기에서 인화수소를 발견했다고 발표했다. 지구에서 인화수소 분자는 오직 살아 있는 유기체에 의해서만 생성되기 때문에 금성이 생명체의 고향이라고 결론짓고 싶은 유혹이 발생했다. 미디어는 열광했지만, 우리는 신중할 필요가 있다. 인화수소의 존재가 확인되더라도 이 분자가 생명체와 관련이 없는, 아직까지 알려진 바 없는 화학 작용의 산물이 아니라고 단정할 수 있는 단서는 아무것도 없다. 1980년 미국의 천문학자 칼 세이건 Carl Sagan의 말처럼 "특별한 주장에는 특별한 증거가 필요하다".

궤도의 교란

뉴턴의 중력은 수학적 논리를 바탕으로 케플러의 제1 법칙을 확인시켜 주는 태양 주위 행성들의 타원 운동을 뒷받침했다. 그러나 이러한 예측과 관측의 일치는 당시 가장 먼 행성으로 알려져 있던 천왕성의 궤도 이상으로 인해 19세기 초에 끝났다. 1781년 독일의 윌리엄 허셜_{William Herschel}의 첫 관측 이후 천문학자들이 천왕성의 장기 궤도를 예측하기 위해 머리를 쥐어뜯으며 연구했지만, 궤적은 언제나 발표된 계산에서 벗어나는 것처럼 보였다.

이런 상황에서 과학적인 사고대로라면 두 가지 해결책이 있다. 이론의 기초가 되는 원리에 의문을 제기하거나, 현실에서 필수 요소가 누락되어 예측 오류를 야기하는 것은 아닌지 생각해 보는 것이다. 위대한 아이작 뉴턴의 이론에 감히 반박할 생각을 할 수 없던 당대 천문학자들은 두 번째 해결책을 선택해, 천왕성 주위를 돌며 궤도를 방해하는 이름 모를 천체에 관한 가설을 채택했다.

1844년부터 프랑스의 천문학자 위르뱅 르베리에_{Urbain Le Verrier}는 이 불가사의한 초우라늄 암석에 대한 탐구를 시작했다. 그의 목표는 '역문제'를 해결하는 것, 즉 이 암석이 생성하는 효과(여기서는 천왕성 궤도의 교란)로부터 거슬러 올라가 이 암석의 위치를 예측하는 것이었다. 르베리에는 새로운 행성을 발견하기를 바라며 계산기 없이는 불가능할 만큼의 엄청난 계산을 수행했다. 성공적인 계산 결과를 얻은 르베리에는 베를린 천문대에 예측 결과를 전달했다. 1846년 9월 24일 자정이 조금 넘은 시각, 해왕성은 정확히 르베리에가 예측한 순간에 바로 그 위치에서 최초로 관측되었다.

새로운 종류의 발견

당대 천문학에서 가장 불가사의한 문제 중 하나가 해결되었다는 사실 말고도, 해왕성의 발견은 수학과 물리학 사이의 밀접한 관계를 증명한 첫 번째 사건이었다. 이것은 과학 역사상 수학적 계산 결과가 새로운 물체의 발견으로 귀결된 최초의 사건으로서, 뉴턴 법칙의 능력에 대한 주목할 만한 실증이었다.

　파리 천문대의 책임자였던 프랑수아 아라고François Arago는 해왕성을 르베리에의 "펜촉에서 발견한 행성"이라고 부르기도 했다. 이러한 '이론적 발견'은 20세기 과학사의 위대한 순간들을 담은 긴 목록의 가장 첫 줄에 이름을 올렸다. 바로 이 이론으로 당신이 곧 만나게 될 일반 상대성 이론이 탄생한다.

왼쪽은 1986년 보이저 2호가 촬영한 천왕성의 모습이고, 오른쪽은 1989년에 동일한 탐사선이 촬영한 해왕성의 모습이다.

일반 상대성 이론의 핵심을 살펴보기 전에 마지막으로 거쳐야 할 단계가 있다. 이토록 새로운 중력 이론을 원한 이유는 무엇일까? 19세기 말 과학사 최고 영광의 자리에 있던 만유인력의 법칙을 대체할 이론을 찾으려 한 이유는 무엇일까?

수성의 타원 궤도

1846년 해왕성 발견으로 극적으로 해결된 천왕성 궤도와 관련된 수수께끼는 뉴턴이 세운 이론의 과학적 신뢰성을 정점으로 끌어 올렸다. 그러나 그로부터 몇 년 후, 같은 상황이 또 한 번 일어난다. 수성의 궤도에 이상이 발견된 것이다. 이와 관련해 아무런 설명도 없이 관측 결과가 유지되어 오다가, 1915년에 이르러 만유인력의 법칙은 몰락의 길에 들어선다.

근일점 문제

케플러의 제1 법칙은 태양 주위를 도는 행성들의 궤도가 타원이라는 것이다. 타원에는 근일점이라고 불리는 특별한 지점이 있다. 태양과 가장 가까운 지점이라는 뜻이다.

19세기에 측정된 아주 정확한 결과에 의하면 수성의 근일점은 케플러와 뉴턴의 예측처럼 고정되어 있지 않고 태양 주위를 돌고 있다! 즉 수성의 궤도를 특징짓는 타원은 아래 그림처럼 조금씩 이동한다.

과학에서는 이 현상을 **수성의 근일점 세차**라고 부른다. '세차'는 '회전'과 같은 뜻이다. 19세기 천문학자들이 해냈던 믿을 수 없는 정밀한 측정 결과에 우리가 충분히 관심을 갖지 않았던 이유는 세차가 매우 느리게 일어나기 때문이다. 근일점은 무려 20만 년 주기로 점진적으로 이동한다!

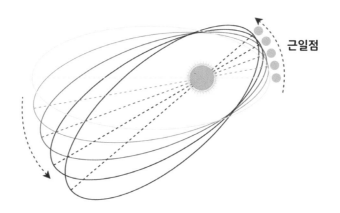

근일점

수성의 궤도인 타원의 축도 근일점과 마찬가지로 시간의 흐름에 따라 회전한다.

뉴턴 법칙, 한계가 드러나다

천문학자들은 또다시 궁지에 몰리고 말았다. 수성과 태양계의 관계가 외부 영향으로부터 격리되어 있다고 간주한다면 수성의 궤도는 고정된 상태를 유지할 수 있다. 천왕성의 경우처럼 수성 궤도의 이상은 주위 행성들에 의해서일까? 부분적으로는 그렇다. 주위 행성들의 중력이 비교적 약하다는 것을 고려하면 실제로 근일점의 미세한 세차가 발생할 수 있지만, 세차 속도는 측정 결과와 일치하지 않는다. 해왕성을 발견한 위르뱅 르베리에가 1859년에 수행한 계산대로라면 말이다.

따라서 뉴턴의 만유인력 법칙은 수성의 궤도를 정확하게 설명할 수 없는 것으로 드러났다. 보편 중력 이론이 빛을 본 지 200년이 지나 처음 겪은 실패였다. 뉴턴 법칙은 여전히 과학사의 위대하고 명예로운 이론이며 물리학 역사상 가장 강력한 이론으로 남아 있다. 지금도 학교에서 가르치고 있듯, 이는 일상생활 속 물체의 움직임을 정확하게 이해하는 데 필수적인 이론이다.

알베르트 아인슈타인의 일반 상대성 이론은 근일점 세차를 가장 먼저 설명한 이론이다. 강력한 고성능 망원경이 없던 탓에 르베리에 시대에는 이 현상이 수성에서만 관찰되었지만, 실제로는 태양계의 모든 행성에 영향을 미치는 현상이다.

자, 마침내 우리는 혁명적인 일반 상대성 이론에 도착했다. 숨을 깊이 들이쉬고 중력에 대한 선입견을 던져 버릴 준비를 하자!

CHAPTER

4

일반 상대성 이론

행복한 생각

1907년, 알베르트 아인슈타인의 상황은 연구를 수행하기에 좋은 조건은 아니었다. 2년 전 과학계가 주목할 만한 발견을 했음에도 불구하고 아인슈타인은 여전히 생계를 유지하기 위해 특허청 직원으로 일을 해야 했다. 반항적인 학생이었던 탓에 학술직을 구하지 못했기 때문이다. 매일 오후 아인슈타인은 몰래 노트를 꺼내고 물리학 문제에 빠져들곤 했다. 그러던 1907년 어느 날 오후, 사회면에 실린 지붕에서 떨어진 한 노동자에 대한 불행한 사건 기사를 읽다가 "그의 인생에서 가장 행복한 생각"이 떠올랐다. 중력 개념에 혁명을 일으키는 생각이었다.

거꾸로 된 세상

아인슈타인의 행복한 생각은 떨어지는 사과를 본 뉴턴의 생각보다 훨씬 단순할 수도 있지만, 그에 못지않게 혁명적이었다.

아인슈타인은 우선 노동자가 지붕에서 떨어질 때, 작업 도구들은 마치 중력을 느끼지 못하는 것처럼 그의 주위에 떠 있었다는 사실에 주목했다. 여기까지 특별한 것은 없다. 수 세기 전에 갈릴레이가 이미 모든 물체는 동일한 속도로 낙하한다고 이야기했으니 말이다. 2장에서 보았듯이 뉴턴은 이 현상을 '등가 원리'로 설명한 바 있다. 노동자는 자신의 작업 도구보다 질량이 더 크기 때문에 더 큰 중력을 느끼지만, 그보다 더 크게 가속에 저항한다. 우연의 일치로 두 효과는 상쇄되어 노동자의 낙하 속도는 작업 도구보다 느리지도, 빠르지도 않다.

이러한 상쇄 작용이 아인슈타인에게 단순 우연의 결과일 수는 없었다. 아인슈타인은 이렇게 생각했다. 노동자가 작업 도구와 같은 속도로 떨어지는 이유는 노동자도 작업 도구도 중력을 느끼지 못하기 때문이며, 따라서 가속도 발생하지 않는다고! 아마 지금 당신은 이런 생각을 납득하기 어려워 미간을 찌푸리고 있을지도 모른다. 반박할 논거가 머릿속을 스쳤을 수도 있다. 인도 위를 걷고 있는 보행자의 눈에는 분명 노동자가 아래로 가속하는 것이 보이는데, 어떻게 가속하지 않는다는 말을 할 수 있을까? 자, 이쯤에서 모든 것은 관점의 문제라는 것을 명심하자. 노동자는 지붕에서 낙하하는 동안 자신의 주위 세상이 위쪽으로 가속되는 것을 본다! 2장에서 보았던 랑주뱅의 쌍둥이 역설을 떠올리며 다음 질문을 던져 보자. 노동자와 보행자 중 옳은 사람은 누구일까? 실제로 가속하고 있는 사람은 누구일까?

등가 원리를 재고하다

놀랍겠지만 옳은 쪽은 바로 노동자다! 실제로 누가 가속하고 있는지 알 수 있는 유일한 방법은 누가 육체적으로 가속을 느끼는지 묻는 것뿐이다. 낙하하는 노동자는 아무것도 느끼지 않는다. 그의 머리칼을 스치는 바람과 주위 건물들이 그가 떨어지고 있다는 사실을 인지하도록 만들지 않았다면 아마도 그는 의심조차 하지 않았을지도 모른다. 모든 일은 중력의 원천으로부터 멀리 떨어진 무중력 상태에 떠 있는 것처럼 벌어질 것이다.

하지만 보행자는 중력을 느낀다. 땅 위에 발을 붙일 수 있게 하는 힘이 중력이기 때문이다. 우리는 이 힘에 너무나 익숙해져서 더 이상 중력을 느끼지 못한다. 그러나 중력은 존재할 뿐만 아니라 그 세기 또한 약하지 않다! 비행기가 이륙할 때 우리를 좌석 등받이로 미는 힘을 떠올려 보자. 사실 그 힘은 지구의 중력보다 거의 두 배나 약하다! 단지 땅이 아닌 좌석에 우리가 엉덩이를 붙이고 앉아 있는 상황이기 때문에 다소 독특하고 강렬하게 느껴질 뿐이다.

우리가 더 쉽게 납득할 수 있도록 아드리앵을 다시 무대 위로 불러 사고 실험을 해 보자. 아드리앵은 이제 기차에서 나와 작은 로켓을 타고 우주를 여행하고 있다. 성간 여행을 하며 긴 하루를 보낸 후 잠자리에 들면서 자동 조종 장치를 작동시킨 아드리앵은 잠에서 깬 뒤 깜짝 놀란다. 수개월 동안 무중력 상태에 익숙해져 있었는데 지금은 마치 지구에서처럼 바닥에 발을 디딜 수 있는 힘이 느껴지지 않는가!

아드리앵이 잠든 사이에 중력을 느낄 수 있는 행성에 로켓이 착륙한 것일까? 아니면 로켓 엔진이 재가동되어 위로 가속되면서 느껴지는 것일까? 아드리앵이 로켓의 창밖을 보지 않고서는 알 수 없는 일이다. 아인슈타인은 두 시나리오가 물리적으로 동일하다는 추론을 한다. **아인슈타인의 등가 원리**, 즉 강한 등가 원리는 뉴턴의 등가 원리, 다시 말해 약한 등가 원리와는 대조적으로 물체의 낙하를 새롭게 해석한다.

중력은 힘이 아니다

이 사고 실험으로 우리는 중력을 지구가 가하는 인력으로 해석하는 것이 왜 잘못된 일인지 잘 이해할 수 있다. 로켓을 떠올려 보자. 아드리앵은 가속의 순간에 자신을 바닥으로 누르는 힘을 느낀다. 그러나 그를 끌어당기는 주체가 로켓 바닥이 아니라는 것은 분명하다.

아드리앵을 바닥으로 짓누르는 힘은 바로 아드리앵의 관성이다!

지구의 중력이 우리를 끌어당긴다는 말은 어떤 의미에서는 비행기가 이륙할 때 좌석이 우리를 끌어당긴다고 말하는 것만큼이나 터무니없는 이야기다. 다시 말하지만 지구는 우리를 끌어당기지 않는다. 엘리베이터의 바닥처럼 지면이 위로 가속하는 것이다.[2] 이러한 패러다임의 변화가 바로 **일반 상대성 이론**의 근간이다. 우리가 중력이라고 부르는 것은 우리가 인지하지 못하는 영속적인 가속도에 대한 표현일 뿐이다.

이러한 생각은 '빛은 중력을 느낄까?'라는 질문에 명확한 해답을 제공한다. 뉴턴 이론에 따르면 물체가 느끼는 중력은 질량에 비례하기 때문에 질량이 없는 광선이 느끼는 중력은 0이 된다고 추론할 수 있다. 그러나 로켓 사고 실험의 결과는 정반대의 답을 제시한다!

광선이 로켓을 왼쪽에서 오른쪽으로 가로지르고 있다고 가정해보자. 로켓이 위로 가속하기 때문에 광선 궤적은 직선이 아니다. 즉 광선은 아래로 구부러져서 처음 들어온 창문보다 더 아래쪽에 위치한 오른쪽 창문으로 빠져나온다. 그러나 방금 이야기한 것처럼 가속도와 중력은 동등한 개념이다. 따라서 중력은 질량을 갖는 물체에 작용할 뿐만 아니라 광선을 굴절시킬 수도 있다!

---

[2] 가속하는데도 지구는 왜 팽창하지 않을까? 실로 좋은 질문이다. 답은 아주 미묘하다. 지구를 둘러싼 공간이 수축하기 때문이다. 이를 이해하기 위해서는 몇 가지 추가적인 도구를 도입할 필요가 있다.

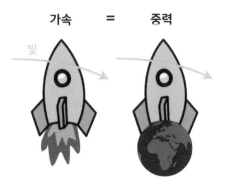

가속　=　중력

빛

로켓 사고 실험은 중력 당김과 상향 가속과 관련된 힘을 구별할 수 없다는 것을 보여 준다. 따라서 두 시나리오는 동등하다. 이것은 중력이 노란색으로 표시한 것처럼 빛의 궤적을 바꾼다는 매우 중요한 결과로 이어진다.

중력은 시간에 영향을 미친다

로켓 사고 실험은 중력에 대한 우리의 인식을 뒤엎는 것에서 멈추지 않고, 중력에 시간을 늦추는 능력도 있음을 알려 준다.

이를 설명하기 위해, 특수 상대성 이론에서 시간 팽창을 이해할 수 있도록 했던 사고 실험을 재현해 보자. 아드리앵은 자신이 탄 로켓이 가속하기 시작할 때 천장에서 광선을 방출한다. 로켓 근처의 우주 공간에 떠 있는 그의 친구 세실은 광선이 로켓의 천장과 바닥 사이를 왕복하는 데 소요되는 시간을 측정한다.

천장에서 바닥으로 광선이 이동하는 거리는 평소보다 짧다. 세실의 관점에서는 바닥이 천장 방향으로 이동하고 있기 때문이다. 반대로 바닥에서 천장으로 광선이 이동하는 거리는 평소보다 길다. 천장도 위로 이동하기 때문이다. 그런데 여행하는 동안 계속해서 위로 가속하는 천장이 바닥보다 많이 전진하기 때문에 두 효과는 상쇄되지 않는다. 따라서 세실은 광선의 왕복 시간을 더 길게 측정하게 되는데, 이는 세실의 시간이 아드리앵의 시간보다 빨리 흐른다는 것을 의미한다. 따라서 다음과 같은 추론을 할 수 있다. 가속도 또는 이와 동등한 개념인 중력은 시간의 흐름을 늦추는 능력이 있다!

이러한 속성은 랑주뱅이 1911년에 제기한 쌍둥이 역설의 해답을 제공한다. 우주를 여행한 쌍둥이 형은 여행하는 동안 가속했기 때문에 동생보다 젊은 상태로 지구에 돌아온다. 하지만 이것은 우리의 시간 개념에 추가적인 혼란을 야기한다. 특수 상대성 이론에서 서로에 대해 움직이지 않는 두 관찰자의 시간은 동일하게 흐른다. 두 관찰자가 서로 다른 지속 기간을 측정하는 것은 두 사람이 서로에 대해 움직일 때이다. 일반 상대성 이론에서는 두 관찰자가 서로에 대해 정지해 있는 상태더라도 다른 중력장을 경험하고 있다면 시간의 흐름도 다르게 측정된다.

〈인터스텔라〉 물리학

크리스토퍼 놀런 감독의 영화 〈인터스텔라〉는 이제껏 일반 상대성 이론에 바쳐진 가장 훌륭한 찬사 중 하나다. 시공간의 간극을 통한 성간 여행을 다룬 이 영화의 과학 자문을 맡은 미국의 물리학자 킵 손Kip Thorne은

〈인터스텔라〉 개봉으로부터 3년 후인 2017년 노벨 물리학상을 수상하기도 했다. 영화에 내재한 물리학을 설명하기 위해 이 책 전체에 걸쳐 영화 속 여러 장면을 다룰 것이기 때문에 미리 '스포일러' 경고를 하겠다.

주인공 쿠퍼는 여행하는 동안 예기치 않은 사건들과 마주치는데, 그중 블랙홀과 가까운 행성에서 몇 시간 머무르는 일이 발생한다. 강력한 중력장으로 인해서 쿠퍼가 이 행성에서 보낸 한 시간은 지구의 시간으로 수년에 해당했다. 쿠퍼는 지구로 돌아왔을 때 자신보다 딸이 나이가 더 들어 버렸다는 씁쓸한 사실과 마주한다. 마치 랑주뱅의 쌍둥이 형처럼……

스마트폰 속의 상대성 이론

중력이 시간을 늦추고 지구로부터 멀어질수록 감소한다는 사실에서 무엇을 추론할 수 있을까? 바로 높은 곳에서 시간이 더 빨리 흐른다는 것이다! 건물의 꼭대기 층에 사는 사람들은 1층에 거주하는 사람들보다 빨리 늙는다. 당신이 서 있는 상태라면 머리가 발보다 더 빨리 노화된다고도 말할 수 있겠다! 하지만 지구에서는 고도차가 작기 때문에 이러한 효과들이 거의 측정되지 않는다. 1년 동안 아주 미세한 차이가 발생할 뿐이다.

그러나 스마트폰에 사용되는 GPS 기술에서는 그 효과가 두드러지게 나타난다. 상대성 이론이 없다면 GPS를 작동시키는 궤도 위의 위성은 수십 미터 정도의 오류를 야기할 것이다. 따라서 일반 상대성 이론을 단지 상상 속에만 존재하는 이론으로 치부하면 곤란하

다. 환상이 아니라 실제 일상생활에서 매우 구체적으로 적용되고
있으니까!

유연한 시공간

우리는 방금까지 중력은 힘이 아니라고 말했다. '낙하'하는 모든 것은 아무것도 느끼지 못하기 때문이다. 그런데 여기서 모순이 발생한다. 중력이 힘이 아니라면 어떻게 물체의 궤적을 편향시킬 수 있을까? 힘이 작용하지 않는데 달은 왜 지구를 공전할까? 사실 달의 구부러진 궤도 또한 환상일 뿐이다. 실제로 달은 직선으로 움직인다. 이를 이해하기 위해서 이제부터 곡률이라는 기본 개념을 소개하고자 한다.

곡률이란 무엇인가?

우리는 모두 학교에서 유클리드, 피타고라스, 탈레스와 같은 위대한 그리스 수학자들이 정립한 기하학을 배운 적이 있다. 바로 유클리드 기하학이다. 유클리드 기하학은 직선, 삼각형, 원을 비롯해 우리가 칠판에 그릴 수 있는 모든 도형을 다룬다. 그러나 기하학은 칠판에 그려지는 도형에 국한되지 않는다. 기하학은 현실 세계에 관심이 많다! 우리가 살고 있는 이 세계는 산이나 협곡처럼 표면이 울퉁불퉁하고 복잡하며 입체적이다. 한마디로 정리하자면 현실은 구부러져 있고, 이 구부러진 정도(곡률)는 아주 놀라운 결과를 야기한다.

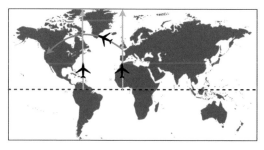 

구부러진 표면을 평평하게 표현할 때 우리의 직관에는 문제가 생긴다. 세계 지도에 나타난 평행한 이동 궤적은 지구본에서는 결국 수렴하고(노란색 선), 파리에서 출발한 밴쿠버행 비행기는 지구본에서는 가장 빠른 경로를 비행하는 것 같지만 세계 지도에서는 그린란드를 경유해 불필요하게 우회하는 것처럼 보인다(붉은색 선).

　유클리드 기하학에서 가장 유명한 공리는 두 평행선이 절대 교차하지 않는다는 것이다. 따라서 지구가 평평하다면 평행 활주로에서 이륙하고 직선으로 이동하는 두 비행기는 결코 교차하지 않는다. 하지만 책상 위에 펼쳐진 세계 지도와 달리 지구는 평평하지 않고 둥글다. 위의 그림처럼 적도에서 출발해 북쪽으로 전속력으로 날아가는 두 대의 비행기가 있다고 가정해 보자. 평면 지도상에서는 비행기의 이동 궤적이 서로 교차하지 않는 두 개의 평행선으로 나타나지만(왼쪽 그림), 지구를 평면으로 표현할 수는 없기에 이는 완벽한 환상이다(오렌지 껍질을 까서 평평하게 펼쳐 보면 결국 찢어진다). 실제로 이륙할 당시에는 두 비행기가 평행선상에 있더라도 결국 북극에서 만나게 된다(오른쪽 그림).

우리는 유클리드 기하학의 핵심 공리를 부정하지 않는다. 그저 곡률의 효과를 이야기하고 있을 뿐이다. 평평한 종이 위에 그려진 기하학적 특성은 구부러진 표면에서 동일하게 적용되지 않는다! 이러한 접근은 수학의 왕자 카를 가우스와 그에 뒤이은 베른하르트 리만의 영향 아래 19세기부터 발전하기 시작한, '리만' 기하학이라고도 불리는 비유클리드 기하학의 기원이 되었다.

앞선 예는 지구처럼 구부러진 표면을 다룰 때 궤적에 대한 우리의 인식이 얼마나 왜곡될 수 있는지를 보여 준다. 착각을 일으키는 또 다른 예로는 장거리 비행기의 항로가 있다. 유럽과 북아메리카 대륙을 왕래하는 항공편들은 주로 그린란드를 지나는데, 이 항로는 평면적인 세계 지도에서는 불합리한 것처럼 보이지만 지구본에서 보면 가장 빠른 항로라는 것을 쉽게 알 수 있다!

차원이란 무엇인가?

일반 상대성 이론의 설명에 필요한 또 다른 요소는 '차원' 개념이다. 우리는 2장에서 시공간의 개념을 정의하면서 이미 차원에 대해 살펴보았다. 그러나 곡면의 차원은 정의하기가 훨씬 까다롭기 때문에 몇 가지 예를 통해 알아보도록 하자.

특수 상대성 이론의 시공간에서 물체의 움직임을 설명할 수 있게 해 준 상상의 세계 리네아는 오직 직선으로만 구성되어 있고, 리네아의 주민들은 이 직선을 따라 앞이나 뒤로만 움직일 수 있다. 즉 리네아는 하나의 공간 차원을 가진 세계다.

이제 리네아의 주민들이 종이 위에서 움직인다고 생각해 보자. 주민들은 '앞뒤' 또는 '좌우' 축을 따라 움직일 수 있고, 따라서 종이에는 두 개의 차원이 존재한다.

우리가 사는 공간은 3차원 공간으로 알려져 있다. 앞서 언급한 두 축 외에도 '상하' 축을 택할 수 있기 때문이다. 이처럼 공간의 차원은 그곳에 살고 있는 사람들이 움직일 수 있는 방향의 수와 관련되어 있다.

그렇다면 원처럼 구부러진 물체의 차원은 어떻게 될까? 리네아 주민들은 원이 그려진 종이 위에 살고 있어도 오직 선을 따라 시계 방향 또는 시계 반대 방향으로만 움직일 수 있다. 지구에 살고 있는 우리처럼 구球의 공간에 살고 있는 사람들은 고도의 개념을 무시하면 두 가지 움직임이 가능하다. 경도선, 즉 남북 방향의 세로선을 따라 움직이거나 위도선, 즉 동서 방향의 가로선을 따라 움직일 수 있다. 원은 '2차원'에 존재하지만 하나의 차원만 갖고, 마찬가지로 구는 3차원에 존재하지만 두 개의 차원만 갖는다.

플랫랜드

1차원이나 2차원에서의 삶이 어떠한지 궁금하다면 에드윈 애벗이 1886년 발표한 단편 소설 〈플랫랜드〉를 읽어 보기 바란다. 〈플랫랜드〉는 2차원 표면에 살고 있는 문명의 이야기를 들려준다. 선, 삼각형, 사각형이 넘쳐나는 이 세계의 사회는 매우 구조화되어 있어서 거주자가 더 많은 선분을 갖고 있을수록 사회적 지위가 높아진다. 이 소설의 주인공인 사각형은 어느 날 플랫랜드를 가로지르는 3차원 구와 조우한다……

일반 상대성 이론이 탄생하기 훨씬 전에 쓰인 이 소설은, 우리에게는 아주 익숙한 3차원 세계를 자신의 투영만 관찰하는 사각형의 기이한 시선을 통해 새롭게 발견하게 함으로써 4차원 공간이란 무엇인지 생각하게 한다. 현실 세계를 완전히 다른 관점에서 접근한 소설이다!

시공간은 휘어 있다

일반 상대성 이론에서 말하는 시공간은 세 개의 공간 차원과 '과거-미래' 축을 의미하는 하나의 시간 차원을 가진다는 점에서 특수 상대성 이론의 시공간과 유사하다. 단 시간 축은 공간의 세 개 차원과는 달리 오직 과거에서 미래로 향하는 한 방향으로만 사용될 수 있는 일종의 화살표다.

특수 상대성 이론과 일반 상대성 이론에서 말하는 시공간의 가장 큰 차이는 기하학에 있다. 즉 특수 상대성 이론의 시공간은 평평하지만 일반 상대성 이론의 시공간은 구부러져 있다! 아인슈타인은 자신의 저서《상대성 이론》에서 시공간을 연체동물에 비유한다. 일반 상대성 이론의 시공간은 '유연'해서 변형될 수 있지만, 특수 상대성 이론의 시공간은 휘지 않는 직선 형태라는 것이다. 다만 우리는 이 곡률을 '관찰'할 수 없다. 구의 곡률을 시각화하기는 쉽다. 구는 3차원에 존재하고, 우리는 3차원으로 관찰할 수 있기 때문이다. 그러나 시공간의 곡률, 즉 4차원 표면의 곡률을 시각화하는 것은 완전히 불가능하다! 따라서 시공간에서 나타나는 궤적에 대한 우리의 직관은 평평한 세계 지도에 그려진 비행기 항로를 볼 때처럼 왜곡될 수밖에 없다.

우리는 구부러진 4차원 시공간에서 살고 있다는 것이 일반 상대성 이론의 제1 공리다. 하지만 일반 상대성 이론을 이렇게 한 문장의 단순한 공리로만 요약할 수는 없다. 물리학 이론으로서, 일반 상대성 이론은 시공간의 곡률을 실제 현상과 연결하는 것을 목표로 한다. 그렇다면 중력은 시공간의 곡률과 어떤 관계가 있을까?

용기에서 내용물로

중력에 관한 최초의 사고 실험을 수행하고부터 8년 후인 1915년 11월, 아인슈타인은 일반 상대성 이론을 발표했다. 이 8년 동안 아인슈타인은 아내 밀레바_{Mileva}와 오랜 수학자 친구 마르셀 그로스만_{Marcel Grossmann}의 도움으로 시공간의 곡률에 선험적인 수학적 개념, 용적 및 물질의 존재를 부여하려고 했다.

곡률은 어디에서 올까? 이것이 우리에게 미치는 영향은 무엇일까? 이 두 질문에 대한 답은 미국의 물리학자 존 휠러_{John Wheeler}가 던진 간단한 한 문장에서 찾을 수 있다.

**"물질은 시공간이 어떻게 휘는지 알려 주고,
시공간은 물질이 어떻게 움직이는지 알려 준다."**

이 말을 일반 상대성 이론의 **제2 공리**로 간주하고, 그 의미를 이해하기 위해 분석해 보자.

물질은 곡률을 유발한다

여기서 '물질'은 모든 형태의 질량을 의미한다. 구체적으로 보자면, 지구처럼 질량이 매우 큰 물체는 주위의 시공간을 왜곡한다. 하지만 그 정도로 무거울 필요는 없다. 심지어 당신의 몸도 시공간을 조금은 휘게 만든다! 질량은 넓은 의미로 해석될 수 있다. 우리는 앞에서 에너지를 가진 모든 물체는 $E = mc^2$ 공식에 따라 '유효' 질량을 갖는다는 것을 보았다. 따라서 빛을 구성하는 미세 알갱이인 광자조차도 운반하는 에너지로 인해 시공간을 휠 수 있다!

물질이 유도하는 곡률은 범위가 제한적이다. 거대한 물체로부터 멀어질수록 시공간에서 나타나는 곡률의 영향을 인식하기 어렵기 때문이다. 그러므로 성간 진공처럼 어떤 형태의 물질로부터 멀리 떨어진 곳의 시공간은 완벽하게 평평하다.

물질과 곡률 사이의 정확한 관계는 기본 방정식인 **아인슈타인 방정식**으로 설명된다. 이 방정식은 $G = T$의 형태로 매우 간단하게 쓸 수 있다. 왼쪽 항의 G는 아인슈타인 텐서라고 부르며, 시공간 곡률을 설명하는 수학적 개념이다. 오른쪽 항은 에너지-운동량 텐서라고 하며 에너지(즉 질량)의 존재를 설명하기 위해 설정한 이름이다.

곡률은 물질을 회전시킨다

이제 제2 공리의 두 번째 부분을 집중적으로 살펴보자. 시공간의 곡률은 물체의 운동에 어떤 영향을 미칠까? 그 대답은 아주 놀랍다. 시공간에서 물체는 직선으로 움직인다! 여기에 함정이 있다고 생각하는가? 그렇다. '직선으로 움직인다'는 말을 유심히 살펴보아야 한다.

곡면 위에서 직선으로 움직이기는 평면에서처럼 간단하지 않다. 엄밀히 말하면 이동 궤적이 반드시 일반적이라고 할 수는 없다.

표면 위를 달리는 비행기를 상상해 보자. 만일 조종사가 잠이 든 상태라면 비행기는 앞으로 '직진'하며 어느 방향으로도 회전하지 않을 것이다. 그렇다면 비행기는 끝없이 직선으로 움직일까? 아니다. 비행기는 자연스럽게 지표면을 따라 지구를 한 바퀴 돌고 다시 출발점으로 되돌아올 것이다. 지구의 곡률 때문에 비행기의 궤적은 직선이 아니라 원이 된다! 비행기가 회전한 것이 아니라, 비행기가 이동하는 표면의 곡률이 이동 궤적을 '비튼' 것이다.

시공간 안에 포함된 물질에도 똑같은 일이 일어난다. 행성과 별과 은하는 우리가 지표면에서 사는 것과 같은 방식으로 시공간이라 불리는 표면에 담겨 있다. 비행기처럼 모든 천체는 직선으로 움직이지만 시공간 안에서 곡선 궤적을 갖는데, 이를 **측지선**이라고 한다. 시대를 벗어나 아리스토텔레스의 말을 빌리자면 천체들은 시공간에서 '자연적인' 궤적을 따른다.

일반 상대성 이론을 시각화하다

시공간과 그 안의 물체들 사이의 상호 작용은 일반 상대성 이론의 기본 원리다. 여기서 중요한 사실은 상호 작용의 상호성인데, 이를 시각화하는 데 도움이 되도록 그림을 통해 두 가지 표현 방식을 제시해 보도록 하자.

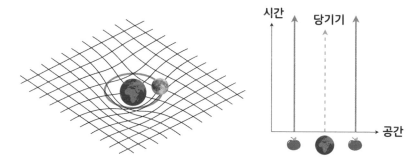

시공간의 곡률과 중력의 관계를 완전히 다른 방식으로 표현한 두 그림. 오른쪽 그림에서 표시된 곳을 아래로 잡아당기면 시공간이 구부러져 사과가 지구로 떨어진다.

왼쪽 그림은 지구 주위를 공전하는 달의 궤도를 나타낸다. 여기서 시공간은 일종의 시트, 즉 무한히 펼쳐진 2차원 표면으로 표현된다. 지구의 거대한 질량 때문에 평평했던 시트는 마치 그 위에 지구가 놓여 있는 것처럼 구부러진다. 그러니까 달은 지구 주위를 '돌고' 있지 않다. 달은 지구가 시공간에 만든 곡률을 따라 마치 회전히지 않고 세계를 일주하는 비행기처럼 원 궤적을 그린다. 직관적이기는 하나, 이렇게 표현하면 시공간을 정확하게 나타내지 못하기 때문에 다소 문제가 있다. 시트의 두 차원은 모두 공간 차원이고 시간 차원은 표현되지 않기 때문이다.

그러니 더 신뢰할 수 있고 상호 작용을 나타낼 수 있는 리네아의 시공간으로 돌아가 보자(앞서 그림 오른쪽). 이 시공간에서 지구처럼 매우 무거운 물체의 양쪽에 사과 두 개를 놓아 보자. 중력이 없으면 세 물체는 정지해 있으므로 이들의 시공간 궤적은 미래 방향으로 곧게 뻗는다.

지구의 중력장을 시뮬레이션하기 위해서는 지구 주위의 시공간을 구부리기만 하면 된다. 앞서 그림에 표시된 위치에서 시트를 아래쪽으로 잡아당겨 실험해 보면 사과의 궤적이 지구를 향해 수렴하는 모습을 확인할 수 있다. 더욱 강하게 잡아당길수록 지구에 더 큰 질량이 가해지므로 사과는 더 빠르게 '낙하'한다. 이런 방식으로 표현하면 일반 상대성 이론의 기초가 되는 기하학적 원리에 부합한다는 장점이 있기는 하지만, 리네아와 같은 1차원적 세계만 기술할 수 있다.

두 그림 모두 설명이 불완전하기 때문에 일반 상대성 이론을 가르치기에는 어려움이 많다. 기하학에 충실한 그림(오른쪽)과 우리가 살고 있는 세계와 유사한 그림(왼쪽) 중 하나를 선택해야만 하기 때문이다. 안타깝게도(아니, 어쩌면 다행히도?) 한 장의 종이 위에 그려진 그림으로는 우리 세계의 복잡함을 단번에 포착할 수 없다.

새로운 패러다임

이제 아인슈타인의 일반 상대성 이론의 기본 원리를 알아보았으니, 뉴턴의 만유인력과 비교하는 시간을 가져 보도록 하자. 뉴턴의 이론은 달이 지구 주위를 도는 것을 힘의 작용, 즉 중력 상호 작용으로 설명한다. 아인슈타인의 이론은 시공간이라는 새로운 객체를 도입한다. 패러다임의 전환은 상상 그 이상이었다. 중력은 더 이상 힘이 아니며, 그것에 힘은 전혀 존재하지 않는다. 달은 시공간에서 직선으로 움직이지만, 우리 눈에는 지구 때문에 시공간이 휘어서 달의 이동 궤적이 원으로 보인다. 아인슈타인은 물체끼리 직접적인 상호 작용은 일어나지 않으며, 시공간이 중력의 매개체 역할을 한다고 생각했다.

또 다른 큰 차이점은 뉴턴 이론에 비해 일반 상대성 이론이 더 수학적이라는 것이다. 아인슈타인 이론에서 중력은 기하학일 뿐이며, 불필요해 보이는 힘의 개념에서 자유롭다. 현실을 간결하게 묘사하는 이러한 특성은 일반 상대성 이론을 매우 우아하게 만들었다. 1918년부터 일반 상대성 이론과 전자기학을 결합하기 시작한 독일의 수학자 헤르만 바일Hermann Weyl은 우아함을 과학 연구의 지침으로 삼았다.

**"나의 연구는 언제나 진실과 아름다움을 통합시키려
노력했지만, 어느 한쪽을 택해야만 했을 때
나는 보통 아름다움을 선택했다."**

그렇다고 해서 우리가 생각할 수 있는 차원에서 중력을 설명하는 데 아주 효과적인 뉴턴 이론을 뒷전으로 미루어서는 안 된다. 풍선의 궤적을 설명하는 데 시공간의 곡률까지 고려할 필요는 없지 않은가! 지구상의 다른 곳과 마찬가지로 축구장에서도 두 이론은 같은 것을 예측한다. 일반 상대성 이론이 아주 미세한 수정만 할 뿐이다. 그러나 이 책의 후반부에서 볼 수 있듯, 우주의 지형에서 두 이론은 극명한 차이를 보인다.

아인슈타인 방정식 풀기

일반 상대성 이론은 물리학과 수학의 상호 작용을 보여 준다. 수학자이기보다는 물리학자였던 아인슈타인은 1915년 6월 당대 가장 유명한 수학자였던 다비트 힐베르트David Hilbert에게 조언을 받아 자신의 이름을 붙인 유명한 방정식을 정립한다.

1917년, 물리학자 카를 슈바르츠실트는 7장에서 보게 될 블랙홀을 야기할 구형 물체라는 아주 특별한 조건하에서 아인슈타인 방정식의 첫 번째 해를 구했다. 1952년이 되어서야 프랑스의 수학자 이본 쇼케브뤼아

Yvonne Choquet-Bruhat가 시공간에 존재하는 물질에 관계없이 아인슈타인 방정식의 해가 항상 존재한다는 것을 증명했다. 그녀는 1979년 프랑스 과학 아카데미에 선출된 최초의 여성 수학자가 되었다.

하지만 해가 존재한다는 것을 안다고 해서 그것을 찾는 방법을 알게 되는 것은 아니다! 손으로 쉽게 풀 수 있는 뉴턴 방정식과 달리 아인슈타인 방정식은 일반적으로 높은 사양의 컴퓨터에서 매우 긴 수식을 통해 풀어야 하는데, 이 분야를 수치 상대론이라고 한다.

우주의 렌즈

1915년 11월 일반 상대성 이론이 발표된 지 100여 년이 지난 지금 당신이 이 책을 읽고 있는 것을 보면 일반 상대성 이론의 이론적 가치와 장점이 입증되었다고 볼 수 있다. 일반 상대성 이론이 수성의 근일점에 관한 수수께끼를 해결했지만, 과학계는 아인슈타인이 제안한 패러다임 변화를 수용하기 위해 더 많은 실험적 증거를 요구했다. 1919년 영국의 천체 물리학자 아서 에딩턴Arthur Eddington, 1882-1944은 아인슈타인의 예측 중 하나인 중력이 빛에 미치는 영향을 검증하기 시작했다. 그는 일반 상대성 이론에서 비롯된 특별한 빛의 신기루를 '관찰한' 최초의 인물이다.

우주의 신기루

일반 상대성 이론은 시공간의 곡률이 시공간 속 물체의 움직임에 영향을 준다고 강력히 주장한다. 이 원리는 지구 주위를 도는 위성뿐만 아니라 빛에도 적용된다. 빛의 경로는 항성이나 은하 근처를 지날 때 휠 수 있는데, 이를 **중력 신기루 효과**라고 한다. 이는 마치 여름의 말라붙은 도로 위에 물웅덩이가 고인 것처럼 보이는, 지구에서 관찰되는 신기루 현상과도 유사하다. 이러한 착시 현상은 하늘에서 오는 빛의 편향 때문에 발생한다. 이글이글한 열기가 올라오는 아스팔트 도로를 지나는 빛은 거울에 반사되는 것처럼 튕겨 나간다. 우리의 눈은 빛이 직선으로 이동하는 것에 익숙하기 때문에 땅에 반사되는 푸른 하늘빛을 물웅덩이라고 착각하는 것이다(왼쪽 그림 참조).

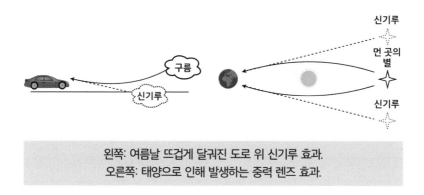

왼쪽: 여름날 뜨겁게 달궈진 도로 위 신기루 효과.
오른쪽: 태양으로 인해 발생하는 중력 렌즈 효과.

가장 유명한 중력 신기루 효과 중 하나가 바로 **중력 렌즈 효과**이다. 이 낯선 이름의 뒤에는 오늘날에도 널리 통용되는 천문학 기술

이 숨겨져 있다(앞서 그림 오른쪽 참조). 한 천문학자가 태양에 망원경의 초점을 맞추고 있다고 상상해 보자. 그의 시야에서 벗어난 다른 별은 태양 뒤에 위치해 있다. 멀리 떨어진 별에서 방출되는 광선의 일부가 태양 주위의 시공간 곡률에 영향을 받아 휘어 마침내 천문학자의 눈에 들어온다. 따라서 태양은 지구 방향으로 광선을 집중시키는 일종의 광학 렌즈 역할을 한다.

그림에서 점선으로 표현된 겉보기 광선은 멀리 떨어진 별의 가짜 형상을 만들어 낸다. 태양이 역광을 받지 않는다면 천문학자는 이 별이 태양 주위의 여러 위치에 놓여 있다고 느낄 것이다. 특정 상황에서 이 효과는 중심 물체(여기서는 태양) 주위에 완벽한 원을 형성할 수 있는데, 이를 **아인슈타인 고리**라고 부른다. 2014년 허블 망원경이 촬영한 다음 사진이 아인슈타인 고리의 훌륭한 예이다.

의심이 사라지다

아인슈타인이 일반 상대성 이론을 처음 발표하고 4년이 지난 1919년에 중력 신기루 효과는 그저 추상적인 아이디어에 불과했다. 하지만 일반 상대성 이론에 관심이 있던 천문학자 아서 에딩턴은 그해에 중력 신기루 효과를 관측하기 시작했다. 그의 아이디어는 간단했다. 태양 근처의 별들을 관찰하여 태양에 가려져 있지만 중력 신기루 효과로 인해서 관측되는 '침입자' 별을 찾는 것이었다. 상상하기는 쉬워도 태양 그 자체가 역광이기 때문에 실현하기는 어렵다. 눈이 멀지 않고는 태양을 관찰할 수 없기 때문이다.

에딩턴이 실험을 성공적으로 수행하기 위해서는 태양과 지구 사이를 차단할 수 있는 무언가가 필요했다. 아주 운 좋게도 달이 그 역할을 제대로 할 수 있었다. (신기한 우연의 일치로!) 하늘에 보이는 달의 크기가 태양의 크기와 정확히 동일해지는 개기 일식의 순간에 달은 태양을 완벽하게 가린다. 개기 일식은 매우 드물게 나타나는 현상이지만, 1919년에 행운은 에딩턴의 편임이 분명했다. 수세기 동안 가장 긴 개기 일식이 그해 5월 29일에 예정되어 있던 것이다. 에딩턴은 관측 도구를 챙겨 아프리카 가봉 인근 바다에 위치한 상투메 프린시페섬으로 향했고, 짧지만 아주 소중한 몇 분 동안 역사상 최초로 중력 신기루 효과를 관측했다.

© NASA

왼쪽: 2014년 허블 망원경이 관측한, 별 주위 은하의 왜곡으로 형성된 아인슈타인 고리.
오른쪽: 1919년 5월 29일에 일어난 개기 일식의 원본 사진.

정확성이 매우 높지는 않지만 에딩턴의 관측은 일반 상대성 이론의 효과를 증명하는 최초의 직접 증거였다. 훗날 이 사건은 제1차 세계 대전이 끝난 직후 독일인 물리학자의 이론을 영국인 천문학자가 확인했다는, 강력한 평화의 상징이 된다.

살아 있는 우주

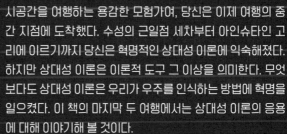

> "세상에는 두 가지 무한한 것이 있다.
> 바로 인간의 어리석음과 우주다.
> 그러나 나는 아직 우주에 대해서는
> 절대적으로 확신할 수 없다."
>
> 알베르트 아인슈타인

시공간을 여행하는 용감한 모험가여, 당신은 이제 여행의 중간 지점에 도착했다. 수성의 근일점 세차부터 아인슈타인 고리에 이르기까지 당신은 혁명적인 상대성 이론에 익숙해졌다. 하지만 상대성 이론은 이론적 도구 그 이상을 의미한다. 무엇보다도 상대성 이론은 우리가 우주를 인식하는 방법에 혁명을 일으켰다. 이 책의 마지막 두 여행에서는 상대성 이론의 응용에 대해 이야기해 볼 것이다.

우주를 뜻하는 고대 그리스어 '코스모스kosmos'에는 많은 의미가 담겨 있다. 화장품을 뜻하는 '코스메틱cosmetic'이라는 단어가 주는 느낌처럼 밤하늘의 아름다움을 뜻하기도 하고, 하늘을 지배하는 질서를 암시하기도 한다. 따라서 우주가 초월적 자극에 의해서 탄생했다는 것은 놀라운 일이 아니다. 수많은 종교와 철학이 탄생시킨 '우주 생성론'이 바로 그 예다. 하지만 과학자들은 곧 모든 것의 원인이 무엇인지에 대해 사변적이지 않은 설명을 정립했다. 우주는 영원하고 무한하다는 것이 가장 자연스러운 생각 아닌가? 우리는 우주를 시간의 규칙적인 흐름에 따라 움직이는 사물들이 담긴 단순한 그릇으로 상상하곤 한다. 하지만 상대성 이론은 공간과 시간이 사실은 그 이상이라는 것을 가르쳐 준다. 공간과 시간은 결합하여 유연한 실제인 시공간을 형성한다. 그래서 우주는 그 자체로 하나의 객체가 되고, 숨을 쉬며 자라는 살아 있는 존재가 된다.

이 객체에 대한 연구가 세 번째 여행의 주제인 우주론이다. 우주론이 제기하는 다음 질문들은 현기증이 날 만큼 원초적이다. 우주는 어떻게 탄생했을까? 우주도 언젠가는 사라질까? 우주는 어떻게 생겼을까? 우주는 무한할까?

우주에 역사가 있을까?

이 장에서는 우주의 역사에 관심을 쏟는 학문인 우주론이 20세기 동안 발전한 과정을 따라가 보도록 하겠다. 집단의 상상 속에 이미 깊이 자리 잡은 것처럼 보이지만('빅뱅'에 대해 들어 보지 않은 사람이 있을까?), 우주에 역사가 있다는 생각은 비교적 최근에 등장했으며 아인슈타인은 이에 반대하는 입장이었다. 하지만 이러한 반대와 모순적이게도 우리에게 확신을 준 것은 아인슈타인의 업적이다. 따라서 우리의 연대표는 일반 상대성 이론이 탄생한 1915년부터 시작된다. "우주에 역사가 있을까?"라는 질문이 촉발한 물리학, 형이상학, 신학이 뒤섞인 거대한 논쟁은 이때부터 1929년까지 이어진다.

우주란 무엇인가?

우주라는 단어의 의미를 명확히 하는 것부터 시작하자. 일상 언어에서는 '존재'하는 모든 것, 즉 지구와 다른 행성들, 우리 은하, 그리고 그 주위를 도는 모든 것을 의미한다. 따라서 우주는 그 안에 담겨 있는 것들로 구성될 것이다. 당신의 손에 들린 이 책이 원자들로 구성되어 있는 것과 동일한 방식으로 말이다. 만일 이 원자들을 하나씩 제거한다면 어떻게 될까? 책은 점차 그 형태가 사라져서 결국에는 아예 존재하지 않게 된다. 우주에도 똑같이 적용해 보자. 행성과 별들을 하나씩 제거해서 우주가 텅 비게 되면, 페이지를 찢어 버린 책처럼 우주도 존재하지 않게 될까? 아니다. 태양계 전체를 한꺼번에 제거해도 우주는 여전히 존재한다.

따라서 우주는 그 안에 있는 사물의 단순한 결합을 넘어선다. 알베르트 아인슈타인의 일반 상대성 이론은 추가해야 할 것이 무엇인지 이해할 수 있게 해 준다. 바로 시공간이다. 수동적인 용기와는 거리가 먼 이 편재하는 틀은 천체의 궤적을 좌우하고, 그 존재에 반응한다. 그림을 그리기 전부터 캔버스가 존재하듯이 이 시공간은 그 자체로 존재한다.

바로 이 직물이 우주론자들의 연구 대상이다. 우주론자들은 시공간 그 자체를 지칭하기 위해서 그 안의 내용물과는 무관하게 '우주'라는 용어를 남용하는 경향이 있다. 따라서 이 장에서는 이 정의를 유지하며, 단순한 개념과 구별하기 위해 이 우주를 객체로 지칭하도록 하겠다. 천문학자들이 말하는, 망원경으로 '관측 가능한 우주'와 구별하는 것이 중요하다. 관측 가능한 우주는 그 크기를 알지 못하며, 심지어 유한한지 무한한지도 알 수 없는 전체 우주의 아주 작은 부분일 뿐이다.

4장에서 본 것처럼, 시공간은 중요한 기하학적 특징인 곡률을 갖는다. 아인슈타인 방정식을 통해서 이 곡률은 물질의 존재와 연관된 물리적 특성이 된다. 따라서 일반 상대성 이론은 태양계 규모의 중력 현상을 정확하게 설명하는 데서 그치지 않고 우주 전체, 즉 시공간 전체를 연구할 수 있다는 발상에 그 기원을 두고 있다. 이런 맥락에서 알베르트 아인슈타인은 우주라는 단어의 기원은 아니더라도 우주론자들의 우주, 즉 역사가 있는 우주를 창조한 장본인일 것이다.

우주 상수

객체로서의 우주의 역사란 무엇일까? 물론 우주 안에 있는 각각의 물체들에 역사가 있기 때문에 우주에도 '대리代理' 역사가 있다. 별은 탄생하고 사라지며, 소행성은 부서지고, 달은 지구를 공전한다. 이러한 모든 사건은 그 주위의 시공간에 '국소적'으로 퍼져 있다. 그렇다면 '전체적'으로는 무슨 일이 일어나고 있을까? 우주는 그 안에서 움직이는 물체들 주위로만 휠 운명인, 전체적으로는 비활성인 표면일까, 아니면 전체적으로도 살아 움직일 수 있을까? 시공간이 고유하게 존재하는 것과 마찬가지로 우주도 고유한 역사를 가질 수 있을까?

알베르트 아인슈타인이 일반 상대성 이론을 쓸 당시 세웠던 첫 번째 가설은 불활성 표면으로, 훨씬 더 자연스럽고 천문 관측과도 일치해 보였다. 아인슈타인은 상상했던 우주는 전체적으로 진화하지 않는 한, 정적인 상태에 있었다. 하지만 한 가지 문제가 있다. 인력인 중력이 작용하는 상태에서, 우주가 저절로 붕괴될 때까지 물질들이 서로 들러붙지 않도록 하는 것은 무엇인가?

이러한 자연적인 인력과 균형을 맞추기 위해서 아인슈타인은 자신의 방정식에 '우주 상수'라는 항을 추가하고 그리스 문자인 람다의 대문자 Λ를 기호로 사용했다. 우주 상수는 당시 이론적 수학 상수에 불과했고, 그 기원을 정당화하는 물리적인 메커니즘은 어디에도 없었다. 그러나 우주 상수의 추가로 아인슈타인은 자신의 목적을 달성할 수 있었다. 역사가 없는 정적인 우주를 얻은 것이다.

정적 우주론을 둘러싼 논란

아인슈타인 방정식을 연구한 사람은 아인슈타인만이 아니었다. 소련의 물리학자 **알렉산드르 프리드만**Alexander Friedmann은 물리적 근거가 없는 우주 상수에 설득되지 않고 1922년부터 연구에 몰두했다. 그의 주된 반론은 아인슈타인의 해가 정적이더라도 '안정적'이지는 않다는 것이었다. 이는 약간만 교란을 가해도 우주는 원래의 평형 상태로 돌아오지 않는다는 것을 의미한다.

이 아이디어를 사발 바닥에 놓인 구슬로 설명해 보자. 이 구슬의 위치는 안정적이다. 구슬을 밀더라도 몇 번의 진동 후에 원래 위치로 돌아오기 때문이다. 그러나 사발을 엎어서 그릇 아래 오목한 곳에 구슬을 올린다면 위치는 불안정해진다. 톡 건드리면 구슬은 경사를 타고 굴러떨어질 것이다. 일반 상대성 이론의 맥락에서 볼 때, 아인슈타인의 정적인 해는 사발을 엎은 두 번째 경우에 속하므로 물리적 관점에서 신뢰도가 떨어진다. 물리학자에게는 우주가 작은 소동에도 풍비박산이 날 수 있다는 생각보다, 우주는 잠시 '정지해 있다'고 생각하는 편이 더 자연스러운 일이니까!

프리드만은 처음부터 시작해서 (우주 상수가 없는) 아인슈타인 방정식을 전체 우주에 적용하려고 했다. 그 결과는 놀라웠다. 우주가 풍선처럼 저절로 부풀어 오르려고 하는 것처럼 보였기 때문이다. 1927년 벨기에의 물리학자 **조르주 르메트르**Georges Lemaître는 한 단계 더 나아가서 수학적 계산으로 팽창하는 우주를 도출해 냈다.

자존심에 상처를 입은 아인슈타인은 우주가 확장한다는 결론에 의문을 제기하며 이렇게 말했다.

**"당신의 계산은 정확하지만,
당신의 물리학은 말이 되지 않는다."**

아인슈타인은 수학적 계산만으로는 충분치 않다고 생각했다. 관찰 결과가 필요했다!

상황은 2년 후 **에드윈 허블**Edwin Hubble이 계산의 결과를 실제로 관측하여 검증하면서 극적으로 반전되었다. 앞으로 이야기하겠지만, 프리드만과 르메트르가 예측한 대로 우주는 정말 팽창하고 있었다. 자신의 주장이 틀렸음을 인정할 수밖에 없던 아인슈타인은 방정식에 우주 상수를 추가한 것에 대해 "인생에서 가장 큰 실수"라고 말하기도 했다. 하지만 우주 상수 람다는 훗날 실수로만 기록되지는 않는다. 람다의 비밀은 다음에 더 살펴보도록 하자.

사제 물리학자

조르주 르메트르는 1930년대에 우주론에 대한 연구를 이어 갔고, 훗날 빅뱅 이론을 탄생시킨 '원시 원자' 이론을 발표했다. 그는 물리학자일 뿐만 아니라 가톨릭교회의 사제이기도 했다! 언뜻 보기에 신학자가 과학적 관점에서 우리 우주의 역사에 관심을 가졌다는 사실이 놀라울 수도 있다. 이는 엿새 동안 세상을 창조했다는 창세기의 이야기와 모순되지 않을까? 전혀 그렇지 않다!

영원한 과거와 미래를 지향하는 아인슈타인의 정적 우주는 "빛이 있으라"라고 말하는 창세기 구절과 모순된다. 따라서 일반 상대성 이론의 창시자에게 반박하던 조르주 르메트르는 우주 탄생의 개념에 관한 수학적 정당성을 제시했다. 훗날 교황 요한 바오로 2세는 영국의 물리학자 스티븐 호킹에게 재미있는 합의를 제안했다. "자, 이렇게 합시다. 빅뱅 이후 우주의 진화는 물리학의 몫, 그 이전의 우주는 하나님의 몫으로 두도록 하죠!"

탈출하는 은하

우리는 이제 1929년, 미국의 천체 물리학자 에드윈 허블이 자신도 모르는 사이에 우주의 본성이 정적인가 아니면 동적인가에 대한 논쟁을 종결한 바로 그해에 도착했다. 허블은 이웃 은하들을 관찰하면서 마치 우주가 팽창하듯이 은하들이 달아나고 있는 모습을 관측한다! 1990년 나사가 쏘아 올린 우주 망원경에 허블의 이름이 붙은 것은, 무엇보다도 진정으로 우주론을 탄생시킨 위대한 학자에 대한 헌사다.

은하수 너머

은하는 항성과 성간 물질들이 뭉친 거대한 천체로 흔히 나선 모양을 띤다. 우리 은하, 즉 은하수는 밤하늘에서 그 단면을 볼 수 있다.

별빛이 길게 늘어진 모습에서 시적인 이름이 붙은 은하수는 밤하늘에서 맨눈으로 볼 수 있는 별들을 모두 포함하지만, 맑고 깨끗한 밤하늘에서는 우리 은하의 이웃, 즉 달보다 더 크게 하늘의 일부를 덮는 안드로메다은하를 볼 수도 있다!

아인슈타인이 일반 상대성 이론을 만들었을 때 다른 은하들의 존재는 알려지지 않았고, 안드로메다은하는 우리 은하의 성운이나 기체 구름으로 여겨지곤 했다. 1919년 미국 캘리포니아의 윌슨산 천문대에 정착한 에드윈 허블은 그렇지 않다는 것을 이해한 최초의 천문학자였다. 그는 '세페이드 변광성'이라고 불리는 별의 광도를 매우 정확히 측정함으로써, 어떤 천체들은 은하수 안에 있기에는 너무 멀리 떨어져 있다는 결론에 도달했다. 오늘날 관측 가능한 우주에만 수없이 많은 은하가 있다는 사실은 매우 널리 알려져 있다.

엄청난 발견이었지만 허블의 명성이 여기에서 비롯된 것은 아니다. 같은 시기, 미국의 천문학자 베스토 슬라이퍼 Vesto Slipher 는 이웃 은하의 빛을 연구하면서 그 색깔이 정상보다 더 붉은색을 띤다는 사실을 발견했다. 허블은 이러한 결과를 분석해서 멀리 떨어진 은하일수록 '적색 편이'가 더욱 두드러지는 놀라운 현상을 발견하고 다음과 같이 추론했다. 은하들은 우리로부터 멀어지고, 이는 먼 은하일수록 더욱 빠르게 나타난다. 어떻게 이런 결론이 나올 수 있었을까? 허블이 자신의 관찰을 설명하기 위해 끌어낸 도플러 효과를 소개하는 것으로 그의 추론에 대한 이야기를 시작해 보자.

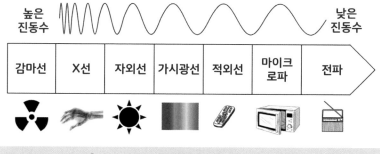

빛스펙트럼의 진동수

도플러 효과

도플러 효과는 일상생활에서 쉽게 볼 수 있다. 앰뷸런스가 사이렌을 켜고 달려가는 상황을 생각해 보자. 앰뷸런스가 다가올 때는 사이렌의 음높이가 높아지고, 멀어질 때는 음높이가 낮아진다. 포뮬러 1 대회장에서 엔진 소리가 '피융' 하며 웅장하고 거칠게 올라갔다가 떨어지는 것도 같은 이치다.

이러한 현상은 음파뿐만 아니라 빛의 또 다른 이름이기도 한 전자기파를 포함한 모든 유형의 파동에 적용된다! 소리의 음높이는 빛의 색깔과 마찬가지로 관련된 파동의 진동수에 의해 정의된다. 높은 진동수는 음높이가 높은 소리와 파란색에 가까운 색깔에 해당하고, 낮은 진동수는 음높이가 낮은 소리와 빨간색에 가까운 색깔에 해당한다.

빛과 소리의 경우, 우리가 인지하는 파동의 진동수는 파원에 대한 우리의 상대적인 움직임에 영향을 받는다. 멀어지는 물체는 평소보다 음높이가 더 낮고 붉은 빛을 내는 것처럼 보이는데, 빛의 경우이 현상을 **적색 편이**라고 한다. 반대로 가까워지는 물체일수록 평소보다 음높이가 더 높은 소리와 푸른빛을 내는 것처럼 보인다. 과속단속 카메라는 도플러 효과 덕분에 작동한다. 과속 단속 카메라는 각 차량에 반사되어 돌아오는 파동을 방출해, 차량에 부딪쳐 되돌아온 파동의 진동수와 처음 방출한 파동의 진동수를 비교해 차량의 속도를 손쉽게 측정한다.

도플러 효과는 천문학에서 은하가 멀어지는 속도를 연구하는 데에도 활용된다. 다만 차량과 가까이 위치한 도로 위 과속 단속 카메라와 달리, 은하에서 되돌아오는 파동을 보낼 수는 없다. 파동이 되돌아오기까지 수백만 년을 기다려야 하기 때문이다. 그렇다면 우리가 관찰하는 은하의 속도는 어떻게 알 수 있을까?

빛스펙트럼이라는 바코드

뉴턴이 프리즘을 이용해 증명했듯이 빛은 일반적으로 다양한 진동수의 파동들이 혼합되어 구성되는데, 이를 **빛스펙트럼**이라고 한다. 천체의 빛스펙트럼은 예측 가능성이 매우 높고 나열도 잘되어 있기 때문에 천체 물리학자들에게는 아주 좋은 도구다. 빛스펙트럼은 빛을 방출하는 물체의 화학적 조성을 정확히 알려 주는 일종의 바코

드와 같다. 은하의 기체 구름에 포함된 원자들이 은하에서 방출된 빛의 일부를 흡수하기 때문이다.

각각의 원자 유형은 매우 특정한 진동수의 파동을 흡수하여 빛 스펙트럼에 **흡수선**이라 불리는 구멍을 파낸다. 예를 들어 단연코 우주에서 가장 흔한 수소 원자는 무지개에서 네 가지 색을 흡수하는 반면, 헬륨은 열두 가지 색을 흡수한다(아래 그림 참조).

따라서 흡수선의 '정상' 위치와 은하 스펙트럼에서 흡수선의 위치 변화를 측정하면 지구에 대한 은하의 움직임을 측정할 수 있다. 흡수선이 파란색 쪽으로 이동하면 은하가 가까워지고, 빨간색 쪽으로 이동하면 은하가 멀어지는 것이다.

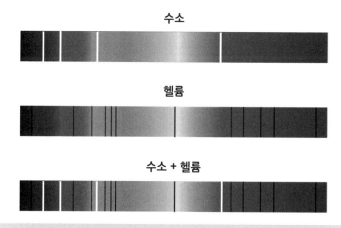

다양한 원자의 흡수 스펙트럼. 흡수선은 수직 막대에 해당하며, 말 그대로 천체의 화학적 조성을 보여 주는 바코드를 구성한다.

허블 법칙

자, 이제 에드윈 허블의 추론을 이해할 준비가 됐다. 1929년, 허블은 이웃 은하들에 대한 빛스펙트럼의 적색 편이를 측정하고 지구와 이 은하들 사이의 거리[3]를 비교해 오늘날 **허블 법칙**으로 알려진 것, 즉 은하들은 서로의 거리에 비례하는 속도로 지구에서 멀어진다는 사실을 밝혀냈다. 허블은 자신도 모르는 사이에 르메트르가 예측했던 우주의 팽창을 최초로 목격했다.

허블 법칙을 더 쉽게 이해하기 위해 우주를 건포도가 가득 들어 있는 케이크 반죽이고 생각해 보자. 여기서 건포도를 은하라고 가정하자. 반죽이 오븐에서 부풀어 오르기 시작하면 건포도는 서로 멀어진다. 지구에서 관측하는 사람들의 관점에서 본다면 은하의 색이 점점 붉은색으로 변하는 것이다. 허블 법칙을 단순하게 설명해 보자면, 반죽 중앙에서 서로 가까이 붙어 있는 건포도는 케이크 가장자리의 건포도보다 느리게 멀어진다는 것이다.

프리드만-르메트르 방정식과 결합된 허블의 관찰은 과학계를 완전히 설득시켰다. 우주, 즉 시공간에는 역사가 존재한다. 현재의 우주는 1000년 전과 1000년 후의 우주의 모습과 다르다. 심지어 우

---

[3] 은하와 지구 사이의 거리는 관측된 빛의 세기, 즉 광도로 추정할 수 있다. 지구에서 떨어진 거리에 따라 광도가 감소하기 때문이다. 따라서 은하의 발광 출력을 파악해야 하는데, 이는 은하의 빛스펙트럼에서 얻은 빛의 온도로 추론할 수 있다. 빛스펙트럼 이야말로 천문학의 만능열쇠다!

주는 팽창하고 있다고도 할 수 있다. 허블의 발견은 우주론의 탄생을 알렸다.

밤하늘은 왜 깜깜할까?

당신은 지금 끝이 보이지 않는 숲속을 거닐고 있다. 어느 방향으로 시선을 돌리든지 멀리 떨어져 있는 나무 기둥이 보인다. 밤하늘에 같은 상황을 적용해 보자. 우주가 무한하다면 어떤 방향에서든지 별을 볼 수 있을 것이다. 그러면 밤은 우리가 보는 것처럼 깜깜하지 않고 오히려 빛으로 가득 차 있어야 한다! 이 역설은 무한 우주 개념에 반박하는 케플러가 최초로 제시한 것으로, 19세기에 이를 다시 언급한 독일 물리학자 올베르스의 이름을 따서 '올베르스의 역설'이라고 한다.

허블의 발견은 이 수수께끼에 대한 해답을 일부 가져다주었다. 우주가 팽창해 멀리 떨어져 있는 별이 방출하는 빛은 육안으로 볼 수 없을 정도로 '적색 편이'되기 때문이라는 것이다. 훗날 빅뱅 이론은 우주가 영원하지 않고, 우리가 볼 수 있는 별은 우주가 탄생한 이후 그 빛이 지구에까지 도달한 별들뿐이라는 사실을 알려 준다. 이러한 두 가지 이유 때문에 우주의 대다수 별들은 밤에 빛나지 않고, 따라서 밤이 깜깜하다.

우주 팽창의 가속화

허블 법칙으로 힘을 얻은 우주론이 탄생한 지 70년이 되던 1998년 말, 우주는 단순히 팽창만 하는 것이 아니라 팽창이 가속화된다는 발견과 함께 우주론은 격변의 시기를 맞는다. 우주의 복잡성이 밝혀지면서 현대 물리학자들은 새로운 질문들을 한 아름 선물 받았고, 그중 많은 질문이 여전히 해결되지 않은 채로 남아 있다!

거대한 무한을 향하여

먼저 크기와 규모를 나타내는 단위에 대해 이야기해 보자. 일상에서 거리를 나타내는 가장 쉽고 정확한 단위는 미터다. 미터는 우리가 키를 말할 때도 쉽게 사용하는 단위이기 때문에 일상의 것들을 아주 잘 묘사할 수 있다. 하지만 우주의 거대함을 설명하기에는 용이하지 않다. 천문학자들은 태양과 지구 사이의 거리(약 1억5000만 킬로미터)에 해당하는 천문단위로 태양계 안의 거리를 표현한다.

하지만 이 천문단위 역시 은하 규모에서 사용하기에는 너무 작다. 그래서 빛이 1년 동안 이동한 거리를 의미하는 1광년 단위를 사용한다. 이 단위는 대략 10조 킬로미터에 달한다. 은하는 우주에서 가장 큰 '물체'다. 우리 은하인 은하수는 지름이 약 10만 광년 정도이다.

여기까지가 바로 시공간에 넘쳐나는 물체들을 연구하는 학문인 천체 물리학이 다루는 규모다. 이 규모를 넘어서면 이제 우주론의 영역으로 들어간다. 우주론은 우주의 팽창으로 인해 거리 측정 단위를 설정하기에는 너무도 규모가 큰 대상에 관심을 갖고 있다!

예를 들어 보자. 관측 가능한 우주는 얼마나 클까? 관측 가능한 우주란 우리가 망원경으로 관찰할 수 있는 우주의 영역으로, 빅뱅 이후에 그 빛이 지구에 도달할 수 있을 만큼 충분히 '가까운' 영역이라는 사실을 명심하자. 빅뱅이 약 140억 년 전에 발생했으니 관측 가능한 우주가 140억 광년에 걸쳐 펼쳐져 있다고 생각하기 쉽다. 하지만 안타깝게도 틀린 생각이다. 이렇게 멀리 떨어진 곳에서 빛이 방출된 순간과 그 빛이 지구에 도착하는 순간 사이에 우주 공간이 팽창했기 때문이다!

아이의 키만으로 나이를 추정할 수 없듯이, 관측 가능한 우주의 크기를 우주의 나이만으로 파악하기에는 불충분하다. 소아과 의사

들이 출생 이후 아이들의 성장 곡선을 추적해 키의 진화 곡선을 알아내듯, 우주론자들은 우주의 팽창 곡선을 결정짓기 위해 모형을 만들어 이 곡선을 통해 거리를 계산한다. 가장 최근 모형을 통해 계산한 관측 가능한 우주의 크기는 약 450억 광년이다.

허블을 넘어서

우주의 팽창 곡선은 허블과 동시대 학자들이 생각했던 것보다 훨씬 복잡하다. 1920년대에 제작된 망원경은 빛이 지구에 도달하기까지 몇백만 년밖에 소요되지 않은 가까운 은하만 관찰할 수 있었다. 인간의 관점에서 보면 엄청난 시간인 것 같지만, 우주의 추정 나이에 비하면 극히 작을 뿐만 아니라 우주의 팽창률도 거의 변하지 않은 상태였다. 이 때문에 당시 천문학자들은 우주가 일정한 속도로 팽창하고 있다는 오해를 했다. 그러나 1998년, 천문학의 기술적 진보와 함께 세 명의 천체 물리학자는 아주 멀리 떨어진 은하를 관측하는 데 성공했고 이에 따라 더 먼 과거를 탐색할 수 있었다. 그들이 내린 결론은 과거에는 우주의 팽창 속도가 더 느렸다는 것이다. 다시 말해, 우주는 단순히 팽창하는 것이 아니라 팽창이 가속되고 있다! 이 혁명적인 발견의 주인공인 솔 펄머터Saul Perlmutter, 브라이언 폴 슈밋Brian P. Schmidt, 애덤 리스Adam Riess는 2011년 노벨 물리학상을 공동 수상했다.

우주의 가속 팽창이 처음 발견되었을 당시 우주론자들은 충격에 빠졌다.[4] 우주의 가속 팽창과 감속 팽창 둘 중 하나만 선택해야 한다면 대다수의 우주론자들은 감속 팽창 가설을 선택했을 것이다. 중력은 인력 상호 작용이기 때문에 팽창을 억제할 것으로 예측되기 때문이다.

무엇이 이 가속을 일으킬까? 펄머터와 슈밋, 리스가 관찰한 이후로 20여 년이 지난 현재까지도 그 정체는 명확히 규명되지 않았다. 다만 이름만은 붙었는데, 바로 암흑 에너지다. 본질을 알 수 없는 이 암흑 에너지는 21세기 초 물리학 논쟁의 중심에 놓인 ΛCDM람다-CDM 모형의 핵심 중 하나다.

우주는 무엇으로 이루어져 있을까?

ΛCDM 모형은 우주를 움츠러뜨리는 인력과 팽창시키는 척력 사이에서 갈피를 잡지 못하는 물체라고 설명한다. 인력과 척력은 세 가지 구성 요소에서 비롯된다.

- **중입자 물질**: 우리를 포함해 관찰할 수 있는 모든 것을 구성하는 보통 물질이다. 팽창을 억제하는 경향이 있는 중력의 끌어당기는

---

[4] 빅뱅 이론의 아버지 조르주 르메트르는 1920년대에 이론적 기반 위에서 이러한 가속을 예측했다는 사실에 주목할 필요가 있다.

보통 물질

암흑 물질

암흑 에너지

힘을 유발한다.

- **암흑 물질:** (이름의 유래인) 보이지 않는 신비한 형태의 물질로, 보통 물질처럼 중력에 의해 상호 작용한다.
- **암흑 에너지:** 근원을 알 수 없는 형태의 에너지로, 우주의 팽창을 가속화하는 경향이 있는 일종의 반중력으로 작용한다.

ΛCDM 모형은 이 세 가지 구성 요소의 밀도, 즉 이 요소들이 우주를 구성하는 비율인 세 개의 매개 변수를 포함한다. 현대 우주론의 가장 큰 난제 중 하나는 모형이 올바른 팽창 곡선을 예측할 수 있도록 이 매개 변수들을 조정하는 것이다. 예를 들어 예측보다 더 가속화된 팽창이 관찰된다면 암흑 에너지의 양을 늘려야 한다. 현재 보통 물질은 우주 물질 구성비의 5퍼센트에 불과한 반면 암흑 물질은 25퍼센트, 암흑 에너지는 나머지 70퍼센트를 차지하는 것으로 추정하고 있다!

모형의 이름은 왜 ΛCDM 일까? 아마 아인슈타인의 우주 상수를 의미하는 기호 Λ가 떠오를 텐데, 우연이 아니다! 곧 보게 되겠지만 암흑 에너지는 우주 상수의 금의환향을 상징한다. CDM은 '차가운 암흑 물질Cold Dark Matter'의 약자다.

암흑 물질과 암흑 에너지의 본성을 분석하기에 앞서, ΛCDM 모형이 답하고자 하는 두 가지 근본적인 질문을 파악해 보자. 우주는 무한한가? 우주는 어떻게 생겼을까?

우주의 형태

우주 팽창에 대해 이야기하면서 오븐 속에서 부풀어 오르는 건포도 케이크에 비유한 바 있다. 하지만 이런 비유에는 한계가 있다. 우주는 다른 물체들과 다르기 때문이다. 케이크를 포함한 다른 모든 물체와 달리 우주의 바깥에 아무것도 없기 때문에 가장자리가 존재하지 않는다!

우주에 가장자리가 없고 그에 따라 한계가 없다면, 우주가 무한하다는 것은 당연한 듯하다. 그러나 그것은 틀렸다. 무한하지 않은 우주를 찾기 위해 1차원 세계 리네아를 다시 떠올려 보자. 2장에서 이미 설명했듯이 리네아의 주민들은 직선으로 무한정 돌아다닐 수 있다. 하지만 우리가 이미 알고 있듯 시공간은 구부러질 수 있다. 리네아에서 직선으로 그려진 선은 원을 나타낼 수 있고, 주민들은 모든 산책의 출발점으로 다시 돌아올 것이다. 즉 리네아의 우주는 가장자리가 없지만 그 크기는 유한하다!

따라서 우주의 유한성에 대한 질문은 우주의 형태, 즉 시공간의 '전체' 곡률과 관련이 있다. 이 곡률을 물체가 시공간에 부여하는 국소적인 곡률과 구별하기 위해서 우주를 거대한 사발이라고 상상해

151

보자. 국소적인 곡률은 사발 표면의 미세한 거칠기에 해당하겠지만 전체 곡률은 사발의 일반적인 형태(이 경우에는 속이 비어 있는 형태)에 해당한다.

평탄한 우주?

우리 우주의 전체 곡률은 숫자를 활용해 수학적으로 설명되며, 값에 따라 세 가지 경우로 나뉜다.

전체 곡률을 나타내는 숫자가 양수라면, 우주는 리네아 세계처럼 닫혀 있다. 이를 '닫힌 우주'라고 한다. 따라서 이 우주의 크기는 유한하다. 직선으로 곧장 앞으로 이동한다면 지구를 선회하는 졸음에 빠진 조종사의 비행기처럼 동일한 지점을 지나간다. 만약 우리 우주가 이와 같다면 베르사유 궁전의 거울의 방처럼 밤하늘 곳곳에서 몇몇 천체들의 '고스트 이미지'가 반복적으로 관측되리라고 예측할 수 있다. 하지만 현재 그러한 패턴은 한 번도 관측되지 않았다.

반면 전체 곡률이 음수라면 우주는 말안장처럼 생긴 '열린 우주'라고 할 수 있다. 열린 우주에서는 무한히 직선으로 움직일 수 있다. 따라서 이 우주는 무한하다.

닫힌 우주와 열린 우주 사이에는 4차원의 거대한 체스판과 유사한 '평탄한 우주'라고 하는, 곡률이 0인 우주가 있다. 여기에서는 두 평행선이 절대 교차하지 않고 서로 가까워지지 않는다는 유클리드

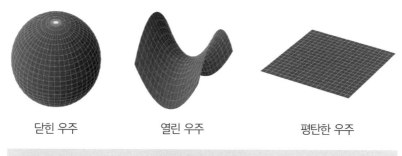

| 닫힌 우주 | 열린 우주 | 평탄한 우주 |

세 가지 가능한 우주

기하학의 공리가 적용된다. 평탄한 우주 역시 무한하다.

우리 우주는 이 세 가지 중 어디에 속할까? 모든 것은 ΛCDM 모형의 매개 변수에 따라 달라진다. 물질의 밀도에 따라 닫히는 정도가 달라지기 때문이다. 따라서 평탄한 우주를 초래하는 질량의 **임계 밀도**가 존재한다. 우주의 질량 밀도가 임계 밀도보다 큰 값을 가지면 우주는 공처럼 닫힌 모양을 갖고, 우주의 질량 밀도가 임계 밀도보다 작으면 말안장 모양의 열린 모양을 갖는다.

현재 우주의 질량 밀도는 임계 밀도에 근접해서 우리가 평탄한 우주에 살고 있음을 암시하지만 닫힌 우주의 가능성도 완전히 배제할 수는 없다. 결론적으로, 여전히 우리는 우주가 무한한지 유한한지 확실하게 알지 못한다!

우주론은 암흑 마술인가?

오늘날에는 뉴턴과 동시대를 살았던 과학자들과, 어디에나 존재하지만 눈에 보이지는 않는 제5 원소인 에테르에 대한 그들의 확고한 믿음에 코웃음을 치기 쉽다. 하지만 이는 우리의 현재 우주론 모형이 우주 내용물의 95퍼센트를 차지하는 미지의 실체인 암흑 물질과 암흑 에너지에 기반을 두고 있다는 사실을 망각한 행동이다. 고전 물리학의 하늘에 켈빈 남작의 먹구름이 지나간 이후, 현대 물리학의 하늘에도 두 개의 새로운 먹구름이 드리워졌다. 현대 물리학의 근간을 다시 세워야 하는 것일까?

비정상적인 속도

이 책에서 설명되는 여러 물체들처럼, 암흑 물질은 실험적 불일치에 그 기원을 두고 있다. 암흑 물질의 첫 번째 단서는 1930년대에 천문학자들이 일부 은하들은 빛의 밝기로 추정하는 것보다 훨씬 더 큰 질량을 갖는다는 것을 알게 되었을 때 주어졌다. 당시 학자들은 이 발견을 심각하게 받아들이지 않았고, 이러한 결과가 단지 실험의 실수에서 비롯된 것이라고 생각했다. 그러나 1970년대에 들어서서 은하계 중심부 항성들의 움직임과 관련된 진짜 역설이 대두되기 시작했다.

실제 우주 속도를 측정할 수 있는 레이더인 도플러 효과 덕분에 우리는 은하의 중심부에 있는 항성들의 궤도를 쉽게 관측할 수 있다. 은하의 단면을 나누어 관찰해 보면, 은하의 한쪽 가장자리는 지구로부터 멀어지고(따라서 적색 편이가 나타나고) 반대쪽 가장자리는 가까워진다(따라서 청색 편이가 나타난다).

빛스펙트럼에서 이러한 편이 현상을 관측한 천문학자들은 모순과 마주했다. 은하의 가장자리에 있는 항성들이 중심부 항성들과 비슷한 속도로 돌고 있는 것이다! 보편 중력 법칙에 따른다면 궤도 위에서 물체의 속도는 궤도의 반경이 클수록 느려야 하며, 이는 태양계에서도 마찬가지다. 지구는 목성보다는 두 배, 해왕성보다는 네 배 빠른 초속 30킬로미터 속도로 태양 주위를 공전한다.

암흑 물질의 소환

은하의 가장자리에 있는 항성들이 궤도를 빠져나오지 못하게 만드는 것은 무엇일까? 수많은 설명 중에서도 가장 설득력이 높은 주장은 암흑 물질이라는 새로운 형태의 물질이 존재한다는 것이다. 전혀 눈에 보이지는 않지만 암흑 물질은 대부분의 은하계 중심부에서 은하 전체 질량의 80퍼센트를 차지하는 '헤일로halo'라는 희미한 성단을 형성한다. 보통 물질처럼 암흑 물질은 중력에 의해 상호 작용하여 항성들이 궤도에 있도록 한다.

암흑 물질을 구성하는 것은 무엇일까? 사실 밝혀진 것은 아무것도 없다. 지금까지의 다양한 탐구들은 암흑 물질의 존재 가능성에 대한 논의를 배제했기 때문에, 많은 물리학자는 '암흑 물질 문제'를 현대 물리학의 가장 중요한 미스터리로 간주한다.

이러한 난관에 직면한 일부 물리학자들은 암흑 물질을 포기하고 관측된 속도 이상異常을 설명하기 위해 중력 법칙을 수정하려고 시도하기도 했다. 그러나 2018년에 속도 이상이 나타나지 않는 은하들이 여럿 발견되면서 멈춰 있던 물레방아에 물이 떨어지기 시작했다. 어떤 은하들에는 속도 이상이 나타나는 반면, 신기하게도 또 어떤 은하들에는 속도 이상이 나타나지 않았다. 다시 말해 보편 법칙 때문에 속도 이상이 나타나는 것이 아니라, 미지의 물질이 존재하기 때문일 수도 있다는 것이다. 암흑 물질의 정체라고 지목되는 후보 입자들에는 비활성 중성미자Sterile neutrino, 액시온axion, 윔프WIMP, 마초

MACHO 등과 같은 재미있는 이름들이 붙었다!

암흑 에너지

1915년에 아인슈타인이 우주를 정적으로 만들기 위해 도입한 우주 상수 Λ는 허블이 우주가 팽창한다는 증거를 발견한 1930년에 폐기되어, 그로부터 거의 60년 동안 과학계에서 잊혔다.

1990년대에 들어와 우주가 단지 팽창하는 것이 아니라 가속 팽창을 하고 있다는 사실이 밝혀지게 되면서 상황이 역전되었다. 아인슈타인의 "가장 큰 실수"인 우주 상수가 우주론자들의 생명선이 된 것이다. 우주 상수의 정체는 바로 암흑 에너지일까? 만약 그렇다면 물리적으로 무엇을 나타낼까?

암흑 에너지에 관한 가장 자연스러운 해석은 양자 물리학에서 유래한 개념인 **진공 에너지**와 연관시키는 것이다. 진공 에너지에 대해서는 이미 언급한 바 있다. 양자 세계에서는 아무것도 제대로 결정되지 않으며, 모든 것이 불투명하다. 진공에서는 양자 '요동'으로 인해 입자들의 쌍소멸처럼 유령 같은 사건들이 벌어진다. 이러한 요동이 진공에 0이 아닌 에너지를 제공한다. 많은 물리학자는 진공 내 양자 요동이 우주 상수가 구현하는 신비한 물리적 메커니즘일 수 있다고 주장한다.

이 가설을 검증하기 위해서는 양자 물리학에 근거하여 진공 1세

제곱미터당 포함된 에너지를 추산하고, 그것을 ΛCDM 모형에 따라 결정된 우주 상수를 바탕으로 계산한 에너지와 비교하기만 하면 된다. 그러나 안타깝게도 두 에너지의 추정 값은 다르고, 심지어 그 차이가 작지도 않다. 진공 에너지는 방정식에서 계산된 에너지의 무려 10^{120}배(1 다음에 0을 120개 붙인 값)나 된다! 물리학이 경험한 역사상 가장 큰 예측 오류라고 해도 부족하지 않을 이 결과를 **진공 파탄**이라고도 한다.

2020년 현재, 우리는 여전히 암흑 에너지의 기원을 알아내지 못했고 우주 상수에 대한 논란도 끝나지 않았다. 아이러니하게도 아인슈타인이 자신의 가장 큰 실수로 치부했던 우주 상수는 다음 세기에도 여전히 가장 치열한 연구 대상이 될 것이다.

무지의 바다

ΛCDM 모형에서 우리가 실제로 파악할 수 있는 유일한 구성 요소인 중입자 물질은 우주 질량의 5퍼센트만을 차지한다. 이처럼 물리학은 뼈대가 아주 견고한 건축물인 것 같지만 우주를 구성하는 요소의 극히 일부만을 설명할 뿐이다. 나머지 95퍼센트의 우주에 대해서는 어떤 확신도 할 수 없다!

20세기 과학의 눈부신 발전과 가능성은 바로 수많은 열린 질문에 있다. 이것이 바로 자연의 아름다움이기도 하다. 자연을 탐구함으로써 비로소 자연의 복잡함을 깨닫는다. 일반 상대성 이론의 주제에 관해 언급했던 물리학자 존 휠러는 이렇게 말했다. "우리는 무지의 바다에 둘러싸인 지식의 섬에 살고 있다. 우리의 섬이 확장될 때마다 무지의 해안 또한 함께 확장된다."

위대한 작별

반복해서 말하지만, 우주는 암흑 에너지가 원하는 팽창과 중력이 원하는 붕괴 사이의 무자비한 결투장이다. 둘 중 승리자는 누구일까? 모든 것은 우주를 어떤 규모의 관점에서 바라보느냐에 따라 달라진다. 중력의 영향은 거리가 멀어질수록 약해지는 반면 암흑 에너지의 영향은 더 커지기 때문이다. 태양계 규모에서 보면 암흑 에너지는 전혀 고려 대상이 아니다. 마찬가지로 우리 은하 규모에서 보면 중력은 중요한 개념이다. 중력이 쇠퇴하기 시작하는 때는 은하 간 거리를 넘어서면서부터다.

다행히도 우리 은하는 '국부 은하군Local Group'이라고 불리는 안드로메다은하를 포함한 60여 개의 다른 은하단과 중력으로 연결되어 있다. 이러한 우주의 군도 안에서도 암흑 에너지와 그에 기인한 팽창은 패배한다. 우리 은하와 이웃 은하들의 거리는 비교적 빠른 속도의 우주선이 있다면 도달할 수 있는 정도이기 때문이다. 국부 은하군을 넘어서면 암흑 에너지가 승기를 잡고 우리의 손이 닿지 않는 곳으로 은하들을 보내 버린다.

왜 닿을 수 없을까? 바로 이 은하들이 빛보다 빠르게 우리로부터 멀어지기 때문이다. 이 은하들에 살고 있는 가상의 주민들이 보내는 신호는 결코 우리에게 도달하지 못할 것이다! 그렇다면 어떤 물체도 빛의 속도보다 빠를 수 없다는 특수 상대성 이론에 모순이 있는 것일까? 그렇지 않다! 은하들이 직접 움직여서 우리로부터 멀어지는 것이 아니라, 은하와 우리 사이를 분리하는 공간이 팽창하는 것이기 때문이다. 시공간은 다른 물체들과 동일하지 않기 때문에 특수 상대성 이론의 주장은 유효하다.

아쉬운 일이다. 과거로부터 우리에게 도달한 빛이 모여 있는 밤하늘의 은하들이 조금씩 사라지는 것을 볼 수밖에 없으니 말이다. 하지만 그 빛을 오늘도 여전히 전달받고 있다는 사실에 감사하자. 국부 은하군의 미래 문명 세계는 너무 늦게 탄생한 나머지 우주의 광활함을 감상할 수도, 지난 수천 년 동안 그래 왔던 것처럼 그 역사의 신비도 알 수 없을 것이다.

간략한
우주의 역사

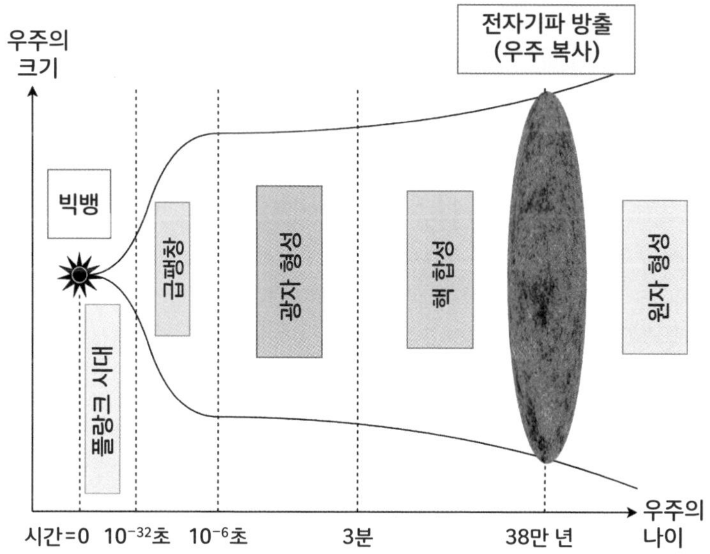

우주의
크기
전자기파 방출
(우주 복사)
빅뱅
플랑크 시대
급팽창
광자 형성
핵 합성
원자 형성
시간=0
10⁻³²초
10⁻⁶초
3분
38만 년
우주의
나이

우주의 연대기

기원을 찾아서

우리는 이제 아인슈타인의 생각처럼 우주는 정적이지 않다는 것을 알게 되었다. 우주에는 고유한 역사가 있다. 따라서 이번 장에서는 시간과 공간의 기원이라고 불리는 빅뱅으로부터 시작해 우주의 다양한 시대를 여행해 보고자 한다.

원시 원자에서 빅뱅까지

우주는 계속 팽창하고 있다. 우주의 삶이 담긴 영화 필름을 되감으면 우주가 점점 수축되는 모습을 볼 수 있을 것이다. 1927년 르메트르 사제는 이러한 상상 끝에 우주가 원자보다 작아지는 단계가 있을 것이라는 추론에까지 이른다. 이것이 바로 르메트르의 원시 원자 이론이다. 우주가 원자보다 작아지는 이 특별한 순간을 시간의 기원으로 여기는 생각은 매력적으로 보이는데, 오늘날 우리는 이것을 빅뱅 이론이라고 부른다.

빅뱅 이론이라는 용어는 미국의 인기 시트콤 제목으로도 쓰일 만큼 대중에게 매우 친숙하지만, 사실 이 이론이 기술하는 현상을 상당히 왜곡하고 있기도 하다. 우주가 폭발로부터 시작했다는 것은 터무니없다. 만약 폭발이 있었다면 대체 무엇 때문에 발생했을까? 그런 폭발을 고려하려면 정의상 존재하지 않는 공간인 우주 바깥에 자신을 놓아야 한다.

빅뱅이라는 용어는 1950년대 영국의 천문학자 프레드 호일Fred Hoyle이 한 라디오 방송에서 한 즉흥적인 농담에서 유래했다. 그는 동시대의 많은 학자와 마찬가지로 초기 폭발이라는 아이디어에 단호하게 반대했다. 허블의 관측 결과가 과학계에 우주 팽창에 대한 확신을 주기에 충분했다 하더라도, 이 팽창이 항상 존재해 왔다는 것을 입증하기 위해서는 더 많은 것이 필요했다.

1965년에 이르러 (이 장의 뒷부분에서 설명할) 원시 우주에서 방출된 우주 복사가 관측되면서 원시 원자 이론, 즉 빅뱅 이론이 등장했다. 프레드 호일은 자신이 빈정거리며 내뱉은 말이 우주론의 가장 강력한 과학적 예측의 이름이 되리라고는 생각지도 못했을 것이다.

뜨거운 탄생

빅뱅 이론을 마침내 이해하고 친구들과의 모임 자리에서 유식하게 보이려고 이 책을 펼쳤다면 아마 실망할지도 모른다. 우주론자들도 빅뱅의 순간에 대해서는 아무것도 모른다. 왜일까? 시간을 거슬러 올라가다 보면 우주는 점점 밀도가 높아지고 뜨거워지며, 물리학은 점점 더 낯선 것이 되다가 더 이상 과학의 언어로 표현할 수 있는 것을 넘어서기 때문이다.

통상적인 물리학은 네 가지 힘을 통해 상호 작용을 설명한다(그림 참조).

- 전기, 자기, 빛 현상의 원인이 되는 전자기 상호 작용.
- 방사능의 기원이 되는 약한 상호 작용.
- 원자핵의 응집력을 확보하는 강한 상호 작용.
- 앞서 보았듯이 엄밀히 말하면 힘이 아니라 시공간의 변형인 중력 상호 작용.

네 가지 상호 작용은 지금까지 개별적으로 잘 작동하는 이론들에 의해 설명되고 있지만, 화합하기가 쉽지 않다. 그러나 온도가 극단적인 값에 도달하면 네 상호 작용은 융합하기 시작해 더 이상 독립적으로 설명되지 않는다. 그렇기 때문에 우주의 뜨거운 탄생의 순간으로 거슬러 올라갈수록 물리학은 현실을 설명하는 데 더 많은

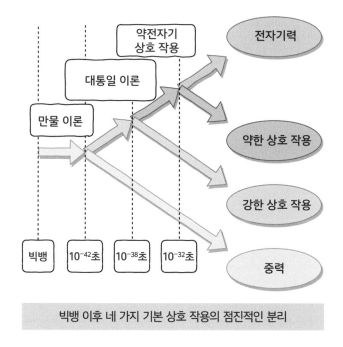

전자기력

약전자기
상호 작용

대통일 이론

약한 상호 작용

만물 이론

강한 상호 작용

빅뱅 | 10^{-42}초 | 10^{-38}초 | 10^{-32}초

중력

빅뱅 이후 네 가지 기본 상호 작용의 점진적인 분리

어려움을 겪는다.

따라서 빅뱅은 우주론 방정식이 타당성 있는 영역을 훨씬 넘어설 가능성이 있는 외삽(이전의 경험 및 실험으로부터 얻은 데이터를 바탕으로 아직 경험하지 못한 경우를 예측하는 기법-옮긴이)의 결과인 가상의 순간이라는 사실을 다시 한번 강조한다.

우주의 역사를 추적하는 이 장에서는 어쩔 수 없이 빅뱅으로부터 시작하는 사건들의 연대를 살펴볼 것이다. 그러나 빅뱅에 대한 이야기는 전 세계 인구가 100억 명을 넘어서는 해를 추측하는 것과 마찬가지로 추론이라는 점을 명심해야 한다. 인구 통계학적 곡선을 바탕으로 그해가 언제쯤일지 예측해 볼 수는 있겠지만 정확히 언제가 될지는 알 수 없다. 어쩌면 100억 명을 넘어서는 일이 일어나지 않을 수도 있다. 그렇지만 우주의 기원을 지칭하기 위해서 편의상 빅뱅이라는 용어를 사용하도록 하자.

전기·약 시대

우주의 연대를 거꾸로 거슬러 올라가 우리의 물리학이 정확히 어느 순간에 무너지는지 알아보도록 하겠다. 다행히도 네 가지 힘은 극단적인 조건하에서만 섞이기 시작하므로 아무 문제 없이 아주 먼 옛날까지 거슬러 올라갈 수 있다. 상황이 이상해지는 때는 오직 빅뱅 이후 아주 짧은 시간(정확하게는 10^{-32}초)에 도달하는 순간이다. 바로 이 순간에 관측 가능한 우주 전체는 모래알 크기로 수축된다. 10^{15} 도 정도로 견딜 수 없을 만큼 뜨거워진 온도에 도달하면 약한 상호 작용과 전자기 상호 작용은 선택의 여지 없이 결합해 전기·약 electroweak이라고 하는 결합된 상호 작용을 형성한다.

1970년대에 물리학자들은 전기·약 상호 작용을 설명할 수 있었다. 1979년 노벨 물리학상의 주제가 된 전기·약 이론은 오늘날 힉스 보손을 발견한 세른의 강입자 충돌 장치로 확인할 수 있다.

이 거대한 기계는 전기·약 시대의 극한 조건을 재현하기 위해 상상을 초월하는 속도로 입자들을 내보내 충돌시킨다. 소립자들은 기계 안에서 무척 빠르게 움직인 나머지, 보잘 것 없는 질량에도 불구하고 각각의 입자가 비행 중인 모기만큼의 운동 에너지를 운반했다!

대통일

따라서 현대 물리학은 빅뱅 이후 10^{-32}초 후에 어떤 일이 일어나는지를 비교적 잘 설명한다. 이는 이미 놀라운 일이다! 이보다 더 이른 시기에는 무슨 일이 일어날까? 우주 역사의 필름을 계속 되감아 보면 전기·약 상호 작용이 강한 상호 작용과 결합하는 지점(빅뱅 이후 10^{-38}초)까지 온도가 계속 상승한다. 진짜 문제가 시작되는 곳이 바로 이 지점이다.

이 결합을 설명하기 위해서는 단일 형식을 사용해서 이러한 상호 작용들을 설명하려는, 소위 **대통일 이론**이라고 부르는 이론을 소환해야 한다. 많은 후보 이론이 있지만 현재로서는 그중 어느 것도 실험적으로 검증할 수 없다. 이러한 온도 조건을 재현하기 위해 입자들에 공급해야 하는 것은 더 이상 모기의 운동 에너지가 아니라 전속력으로 달리는 고속 열차의 에너지다! 걱정하지 말고, 잠시 우리가 대통일 이론을 검증할 수 있다고 꿈꿔 보자. 우리는 빅뱅을 향한 미친 경주의 결승선에 도착했을까?

플랑크 장벽

불행하게도 시간의 기원을 향한 여정은 통과할 수 없는 벽과 직면한다. 바로 **플랑크 장벽**이다. 이는 관측 가능한 우주 전체가 빅뱅 이후 약 10^{-42}초에 원자핵보다 더 작은 크기로 축소되는 시기를 말한다. 우주가 전부 붕괴된 순간이다. 무한히 작은 것이 무한히 큰 것과 결합하고, 이와 관련된 이론들이 극심한 모순에 빠진다. 일반 상대성 이론이 설명하는 중력은 양자 물리학에서 설명하는 세 가지 힘과 결합한다.

만물 이론 Theory of Everything이라고도 불리는 양자 중력 이론만이 플랑크 장벽 이전에 무슨 일이 일어났는지 설명할 수 있을 것이다. 여기에도 후보 이론들이 존재하는데, 그중 특히 두 가지 이론이 연구되고 있다. **끈 이론**과 **루프 양자 중력 이론**이다. 하지만 두 이론 모두 실험적인 검증이 없는 상태이기 때문에 플랑크 장벽은 과학적 사고의 '미지의 땅terra incognita'으로 남아 있다.

닭이 먼저냐, 달걀이 먼저냐

빅뱅 '이론'은 분명 그 이름이 잘못 붙었다. 플랑크 장벽 이전에 있던 모든 것과 마찬가지로 빅뱅은 물리학 범주를 벗어나고, '만물 이론'을 발견할 때까지는 접근하기 어려울 것이다. 하지만 만약 그 단계에 도달한다면 과연 우주의 기원, 즉 무에서 모든 것이 창조되던 그 순간을 이론화할 수 있을까?

프랑스의 물리학자이자 철학자인 에티엔 클랭Étienne Klein이 지적했듯이, 우주의 기원을 탐구하는 것에는 우주가 출현하기까지의 과정 연구가 수반된다. 그런데 이 과정은 존재할 수 없다. 우주 이전에는 정확히 아무것도 없기 때문이다! 첫 번째 사물의 출현을 설명하는 일은 닭과 달걀의 역설에 해답을 제시하는 것과 같은데, 이는 물리학의 영역에 속하지 않는다. 따라서 빅뱅 이론은 엄밀히 말해서 우주의 기원에 관한 이론이 아니라 우리 시대보다 훨씬 이전의 우주 진화에 관한 이론이다.

빅뱅이 출발점이 아니라면 그 이전에는 대체 무엇이 있을까? 여기서 우리는 다시 한번 검증할 수 없는 가설들에 만족해야 한다. 가장 유명한 가설 중 하나는 빅뱅 이후의 급격한 팽창은 실제로 거대한 붕괴에 뒤이은 '반동'에 해당한다는 빅 바운스Big bounce 이론이다. 우주는 영원히 수축과 팽창의 순환을 거듭하며 생애 주기를 갖는다는 주장이다. 닭과 달걀 중 먼저 존재한 것은 없다. 둘 다 항상 존재했을 테니까!

반물질

소립자는 전하가 반대라는 점을 제외하고 정확히 동일한 속성을 갖는 일종의 못된 쌍둥이 형제 같은 반입자를 가지고 있다. 전자는 반전자를, 양성자는 반양성자를 갖는다. 반입자들을 모아서 반원자, 반분자, 그리고 반행성까지도 만들 수 있다. 다만 문제가 있다. 입자들은 반입자와 서로 달라붙는 원자를 거의 갖고 있지 않다는 것이다. 입자와 반입자가 만나면 즉시 서로를 파괴하고 전체 질량을 에너지로 방출한다. 반물질 100킬로그램이면 프랑스 전역의 에너지 수요를 수년 동안 충족하기에 충분할 정도다! 이보다 더 이상적으로 원자력 발전소를 대체할 수 있는 대안이 있을까?

하지만 안타깝게도 반물질은 일시적인 성질 때문에 생성하기가 극도로 어렵다. 오직 입자 가속기만이 약간의 먼지 수준으로 생성할 수 있을 뿐이다. 반물질은 또한 우주론자들에게도 꼬여 버린 실 같은 존재다. 왜 여전히 우주에서 물질만 관찰될까? 만약 예상대로 빅뱅이 반물질만큼의 물질을 생성했다면 우주 전체가 소멸되었을 텐데……. 지금까지 답을 찾지 못한 수수께끼 중 하나다.

최초의 원자

"그리고 빛이 있었다……." 우리는 빅뱅의 순간을 상상할 때 종종 눈부신 폭발을 떠올린다. 하지만 빛은 38만 년을 기다리고 나서야 빛날 수 있었다. 그 시간 동안 우주의 창세기는 블록 쌓기 놀이를 즐겼다. 물질을 형성한 것이다.

우주의 냉각

빅뱅 이후의 우주는 왜 그렇게 뜨거웠을까? 우선, 물리적 관점에서 열이 무엇을 의미하는지부터 살펴보자. 놀이공원 범퍼카장을 떠올려 보자. 이리저리 부딪치는 범퍼카처럼 입자들은 사방으로 움직이며 충돌하고, 열은 입자의 평균 속도일 뿐이다. 입자가 빨리 이동할수록 충돌은 더 커지고 잦아지며 열기를 발생시킨다. 공기를 압축시

킬수록 입자 사이의 간격이 좁아져 보다 빈번하게 충돌하기 때문에 열기는 더욱 뜨거워진다.

빅뱅으로 거슬러 올라갈수록 우주를 구성하는 기체가 압축되어 우주의 온도가 높아진다. 빅뱅 직후 우주를 지배하던 극한의 뜨거움 속에서는 소립자들의 충돌이 너무나 강렬하게 일어나 원자의 형성을 막을 정도였다. 따라서 물질의 형성은 우주가 냉각되면서 단계적으로 이루어졌다.

거대한 레고 세트

고대 그리스인들은 물질이 어원 그대로 '더 이상 나눌 수 없는 것'을 의미하는 원자atom라는 불가분의 입자들로 이루어져 있다고 생각했다. 하지만 20세기 물리학은 원자를 완벽하게 분리할 수 있다는 것을 보여 주었다. 원자력 발전소의 원리가 바로 그것이다. 따라서 물질에 관한 물리학의 관점은 크게 변화했고, 선택한 척도에 따라 양상도 다르게 나타난다는 것은 이미 앞에서 확인했다.

- 물질은 분자로 구성되어 있다.
- 분자는 원자로 구성되어 있다.
- 원자는 양성자와 중성자로 구성된 원자핵과 그 주변을 둘러싼 전자로 구성되어 있다.

- 양성자와 중성자는 우리가 알고 있는 가장 기본적인 소립자인 쿼크로 구성되어 있다.

1948년 러시아의 물리학자 조지 가모_{George Gamow}는 최초의 물질 형성을 레고 같은 일종의 블록 쌓기 게임에 비유해 설명했다. 우주가 시작되던 때에는 뜨겁게 달궈진 온도 때문에 양성자를 형성할 수 없던 쿼크가 있었다. 그러나 빅뱅 직후 온도는 이미 쿼크가 양성자와 중성자를 형성하기 위해 결합할 수 있을 만큼 충분히 낮아졌는데, 이를 **중입자 합성**이라고 한다. 몇 분 후에는 양성자와 중성자가 결합하여 가벼운 핵을 형성하는 **핵 합성**을 이룬다. 우리가 알고 있는 대로 원자를 형성하기에는 핵 주위의 전자가 부족했기에 그후 38만 년 동안 우주는 **플라스마**라고 불리는, 일종의 형태 없는 상태로 유지되었다.

플라스마란 무엇인가?

(플라스마 디스플레이, 번개, 오로라 등에서 관찰할 수 있는) 플라스마는 일상에서는 보기 드물지만 우주에서는 가장 흔한 물질 상태이다. 플라스마는 성간 우주의 대부분을 채우고 항성 주위의 대기를 형성한다. 일부 지구 대기층에서도 플라스마를 발견할 수 있다. 플라스마는 아주 중요한 특징을 갖는데, 바로 빛을 잘 전달하지 못한다는 것이다.

실제로 플라스마에서는 전기적으로 중성 상태인 원자가 해리된다. (양전하를 띠는) 핵이 (음전하를 띠는) 전자에서 분리되는 것이다. 빛은 전하와 강하게 상호 작용하기 때문에 핵과 충돌하는 경향이 있다. 이러한 충돌은 빛의 경로를 방해해 자유롭게 퍼지지 못하게 하는데, 이것이 플라스마를 불투명하게 만든다. 통신의 비밀이 여기에 있다. 대기에 포함된 플라스마는 전파를 반사시켜 하늘에서 다시 반동된 전파가 다른 대륙으로 전송되도록 전달한다.

그리고 빛이 나타나다

빅뱅 이후 약 38만 년이 지나고, 우주는 마침내 핵이 전자를 붙잡을 수 있을 만큼 충분히 낮은 섭씨 3000도의 적당한 온도에 도달했다. **재결합 시대**가 온 것이다. 우주는 플라스마 상태를 멈추고 빛은 마침내 어떤 방해도 없이 자유롭게 움직이게 되었다.

아주 중요한 순간이다. 우리가 플랑크 장벽 이전에 대해서는 아무것도 알지 못하는 것처럼, 재결합의 순간 이전은 볼 수 있는 것이 없었다. 빅뱅 이후에 우주 속에 잠겨 있던 빛이 재결합의 순간 갑자기 방출된다. 그 빛이 망원경으로 관측한 살아 있는 우주의 최초 이미지다. 우주론자들은 이것을 **우주 마이크로파 배경**이라고 부르지만, 일반적으로는 **우주 복사**라는 용어가 선호된다.

첫 번째 빛을 사진으로 찍는다면 과연 어떤 모습일까? 사실 별 볼 것 없다. 앞에서 보았듯이 우주는 어떠한 형태가 갖추어지지 않은 거대한 '수프'였다. 하지만 모든 물질은 자연적으로 빛을 방출한다. 모든 파장대의 복사 에너지를 흡수하는 검은색 티셔츠도 과열을 방지하기 위해 낮은 진동수로 빛을 방출하는데, 이를 **흑체 복사**[5]라고 한다. 흑체 복사는 온도에 따라 진동수가 달라지기 때문에 열복사라고도 한다. 뜨거운 물체는 높은 진동수의 복사를 방출하고, 차가운 물체는 낮은 진동수의 복사를 방출한다.

인간의 몸도 열원으로부터 빛을 방출하는데, 그 진동수가 낮아서 육안으로는 관찰할 수 없지만 적외선 카메라나 온도계를 사용해 쉽게 측정할 수 있다. 열복사가 가시광선 영역에 들어오려면 고온에서 철을 가열하거나 불꽃이 발생할 때처럼 물체의 온도가 섭씨 1000도를 훨씬 넘어야 한다.

빅뱅의 마지막 메아리

우주 복사는 초기 우주를 구성했던 플라스마의 열복사에 지나지 않는다. 재결합 순간의 온도는 약 3000도로 재래식 백열전구의 온도와 비슷하다. 따라서 우주 복사는 원래 모든 방향에서 우리를 눈부시게 하는, 어디에나 있는 백색광이다!

다행히 이 복사의 진동수는 방출된 이후 허블이 관측한 것과 동일한 적색 편이 현상을 통해 지속적으로 감소하고 있다. 오늘날 우

---

[5] 양자 물리학에서 설명하는 흑체 복사는 1장에서 말한 켈빈의 먹구름의 핵심이다.

주 복사는 마이크로파 영역에 있기 때문에 육안으로는 보이지 않는다. 멀리 떨어져 있는 은하의 빛처럼 이 우주 복사도 언젠가 잦아들어 결국 빅뱅의 흔적과 함께 사라질 것이다. 현재 우주의 광활함은 차치하고, 미래 문명은 우주의 기원을 찾아 올라갈 기회를 갖지 못할 터이다.

우주 복사

재결합 순간의 생생한 모습을 담은 우주 복사는 원시 우주의 명암을 탐구하기 위해 우주론자들이 활용할 수 있는 주요 도구다. 1960년대에 처음 발견된 이 귀중한 신호는 하마터면 비둘기의 배설물로 오해받을 뻔하기도 했다!

우연한 발견

1964년 5월 20일, 물리학자 **아노 펜지어스** Arno Penzias와 **로버트 윌슨** Robert Wilson은 자신들이 우주론의 역사를 뒤흔들 발견을 할 것이라고는 전혀 상상도 못 했다. 두 사람은 전파로 위성과 통신하기로 되어 있는 미국 뉴저지의 벨 연구소에서 만든 거대한 안테나를 조종할 때 안테나에 유입되는 잡음을 제거하려고 했다. 실망스럽게도 이 신비에 쌓인 지글거림은 사라질 기미가 보이지 않았다. 두 사람은 새 똥을 원인으로 의심해 안테나 내부를 깨끗이 청소했다. 하지만 아무 소용이 없었다. 기분 나쁜 잡음이 계속 들렸다.

때마침 프린스턴대학의 연구 팀은 조지 가모의 연구 팀이 약 15년 전부터 예측한 우주 복사를 탐지하기 위한 실험을 준비하고 있었다. 동료 과학자로부터 이 프로젝트에 대해 전해 들은 펜지어스와 윌슨은 자신들이 잡음이라고 생각했던 것이, 사실은 허블이 적색 편이 현상을 발견한 이후 우주론에서 가장 중요한 발견이라는 사실을 깨닫는다. 1978년 두 사람은 노벨 물리학상을 공동으로 수상했다.

2003년, 윌킨슨 마이크로파 비등방성 탐색기WMAP가 관찰한 우주 복사. 각각의 점은 천구의 관측 방향에 해당하며, 색깔은 그 방향에서 오는 우주 복사의 세기를 나타낸다.

전자레인지의 발견

물리학에서 획기적인 발견이 우연히 이루어지는 일은 드물지 않은데, 마이크로파가 바로 상징적인 사례. 이 전자기파는 펜지어스와 윌슨의 예상치 못한 발견보다는 전자레인지에 쓰이는 덕분에 모두에게 익숙하다.

전자레인지는 1925년 마이크로파 파원 근처의 주머니에 초콜릿 바를 넣어 둔 미국인 엔지니어 퍼시 스펜서Percy Spencer의 부주의에서 탄생한 결과물이라고 해도 과언이 아니다. 스펜서는 주머니 속 초콜릿 바가 녹는 것을 보고 이 현상의 잠재적인 유용성을 깨달았고, 1946년 사상 최초의 전자레인지를 출시했다!

우주 복사 관찰하기

펜지어스와 윌슨은 1964년 5월 20일에 감지한 그 신호가 다름 아닌 초기 우주의 신호였음을 어떻게 확신할 수 있었을까? 우선, 두 사람이 측정한 신호의 진동수가 우주론자들이 예측했던 우주 복사의 진동수와 거의 일치했기 때문이다. 무엇보다도 이 신호는 모든 방향에서 오는 듯했다. 이는 특정 천체에서 오는 것이라는 가능성을 배제한다. 어떤 별도 하늘 전체를 덮을 수는 없기 때문이다. 이 신호는 우주의 모든 곳에서 방출되었고, 오늘날에도 여전히 우주를 채우고 있는 정말로 새로운 유형의 복사였다.

그럼에도 불구하고 관찰 각도에 따라서 대략 1만 분의 1퍼센트 정도의 미세한 세기 변동이 나타난다. 초기 우주의 거대한 수프를 떠다니던 '덩어리'에 해당하는 이 변동은, 특히 ΛCDM 모형의 매개 변수를 조정하는 데 있어서 우주론자들에게 매우 소중한 정보이다. 우주 배경 탐사선_{COBE, 1989-1996}, 윌킨슨 마이크로파 비등방성 탐색기 _{WMAP, 2001-2003}, 플랑크_{Planck, 2009-2018} 우주선을 포함한 다양한 관측 임무가 이 덩어리들을 가능한 한 정확하게 지도화하는 것을 주요 목표로 삼았다.

실시간 우주 복사

지하 창고에 음극선관 텔레비전 수상기만 있으면 펜지어스와 윌슨처럼 우주 복사를 관측할 수 있다. 먼저 수상기의 먼지를 털어 낸 다음, 전원을 켜고 일반 채널을 벗어나도록 안테나를 조정하면 희뿌연 화면을 관찰할 수 있다. 이 흐릿한 신호의 약 1퍼센트 정도는 우주 복사 때문이다. 최신 박스 오피스 영화는 아니지만 촌스러운 텔레비전 수신기가 당신에게 우주의 첫 모습을 보여 줄 것이다.

우주 복사의 미스터리

방금 살펴본 것처럼, 우주 복사는 원시 우주가 아주 균일하고 매끈한 것 같은 이미지를 보여 준다. 하지만 매질이 균질하기 위해서는 커피에 우유를 섞을 때 티스푼으로 휘저어야 하듯 먼저 뒤섞는 힘이 필요하다. 그런데 여기서 첫 번째 역설이 생긴다. 관측 가능한 우주는 너무 커서 이것을 뒤섞는 일은 태평양을 이쑤시개로 휘젓는 수준이라는 것이다. 빛의 속도로 확산되는 힘도 빅뱅 이후의 관측 가능한 우주를 뒤섞을 시간은 없었을 것이다! 따라서 우주의 균일성은 해석하기 어려운 일이다. 이를 우주의 **지평선 문제**라고 한다.

두 번째 역설은 우주 복사가 전체 곡률이 0인 평탄한 우주의 이미지를 보여 준다는 것이다. 앞서 보았듯이 이는 우주의 질량 밀도가 임계 밀도와 동일하다는 것을 의미한다. 여기에 물질을 약간만 넣는다면 모든 것이 안으로 붕괴하고, 반대로 물질을 조금만 제거한다면 폭발한다! 이렇게 물질의 양을 완벽하게 조정한다는 것 자체가 역설은 아니지만, 이는 가능성이 매우 희박한 우연의 일치로 보인다. 이를 우주의 **편평도 문제**라고 한다.

우주 급팽창

1970년대 미국의 우주론자 앨런 구스 Alan Guth가 제안한 우주 급팽창 이론은 빅뱅 직후, 관찰 가능한 우주가 원자핵 크기에서 몇 분의 1초 만에 축구공만 한 크기로 팽창하는 경이로운 팽창 단계가 존재했다고 주장한다! 여전히 논란이 되고 있는 이러한 최초의 원동력은 우주 복사가 제기한 두 가지 역설에 그럴듯한 설명을 제공한다.

원시 우주의 균질성은 사실 뒤섞일 수 있을 정도로 크기가 작았던 급팽창 이전 상태의 잔향으로, 급팽창하는 순간에 고착된 것이다. 우주의 편평도는 극히 일부분만 관찰한 결과이다. 사실 우주의 거의 대부분은 급팽창하는 순간 빛보다 빠른 속도로 우리에게서 멀어져 관측 가능한 지평선을 영원히 벗어났고, 오로지 가장 가까운 이웃만이 오늘날 우리의 눈에 관측되고 있다. 따라서 관측 가능한 우주는 지구가 평평해 보이는 것과 마찬가지로 편평해 보인다. 즉 우리에게는 곡률을 볼 수 있을 정도로 거리가 충분하지 않다!

거품 우주

무엇이 급팽창을 일으켰을까? 여러 가지 메커니즘이 제안되었지만 여전히 합의점은 찾지 못했다. 급팽창 이론의 창시자 앨런 구스는 우주를 가득 채우고 있는 물질인 **인플라톤**을 급팽창의 원인으로 지목했다.

빅뱅 이후의 극한 상황에서 인플라톤은 우주 급팽창을 초래한 고에너지 상태에 존재했을 것이다. 그러나 급팽창이 곧 급격한 냉각을 동반했기 때문에 인플라톤은 우주의 한 지점에서 고에너지 상태로부터 떨어져 이 지점 근처에서 갑자기 확장을 멈추게 된다.

몇몇 가설에 따르면 우리가 살고 있는 우주는 그 지점 주변에서 거품처럼 결정화되어, (일부 사람들은 인플라톤의 낮은 에너지 상태로 여기는) 암흑 에너지에 의해서 계속 팽창하지만 그 속도는 훨씬 느려졌다. 우리의 거품 밖 우주 공간에서는 현기증 나는 급팽창이 계속 일어나고 있으며, 또 다른 거품 우주가 어디에선가 형성될 것이다.

항성에서 블랙홀까지

당신의 손에 들린 책, 당신의 손, 마시는 공기의 공통점은 무엇일까? 세 가지 모두 별의 먼지라는 것이다. 캐나다의 천체 물리학자이자 대중 과학서 저자인 허버트 리브스_{Hubert Reeves}가 1984년 출간한 그의 가장 유명한 저서의 제목이기도 하다. 그는 무엇을 말하려 했을까? 상대성 이론을 다룬 책에서 별을 이야기하는 이유는 무엇일까?

별의 탄생

별들은 은하계를 에위싸고 있는 성간운에서 형성된다. 다른 곳보다 밀도가 높고 온도가 낮은 영역에서 '덩어리'가 형성될 때, 중력은 이 덩어리가 물질 응집체를 형성할 때까지 증폭시킨다. 그렇게 별이 탄생한다. 별의 형성 방식은 별 주위의 궤도를 도는 물질(고체 또는 기체)로부터 형성된 지구와 같은 행성들과, 행성 주위의 궤도를 도는 잔해들로 형성된 달과 같은 위성들과 다르지 않다. 우주의 어느 곳에서든지 물질이 응집하여 더 복잡한 구조를 형성할 수 있게 하는 것은 중력이다.

별은 스스로를 연소하고 있는 거대한 불덩어리다. 별에는 두 가지 모순된 작용, 즉 중력과 연소에 의해 방출되는 에너지가 수반된다. 전자는 별의 내부 붕괴를 야기하고, 후자는 연소할 연료가 남아 있는 한 별의 크기를 유지할 수 있도록 한다. 초기의 별은 핵융합 발전소에서 재생성하는 것처럼 단일 원자들의 융합으로 시작한다. 주로 헬륨을 형성하는 수소 원자의 융합이다.

이러한 반응에서는 많은 양의 에너지가 방출되는데, 그 결과 어린 별의 중심부 온도가 상승하면서 헬륨 원자들이 결합하여 두 배나 큰 베릴륨 원자를 형성한다. 적정 온도에서 베릴륨은 다른 헬륨 원자와 결합하여 모든 생명체의 기본이 되는 탄소를 형성한다. 이후 연쇄 반응이 이어지면서 질소, 산소, 네온 등 더 무거운 화학 원소들이 형성된다.

따라서 별은 작은 원자들이 점차 융합하여 더 큰 물질을 형성하는 공장인 셈이다. 별은 우리를 구성하는 원자를 비롯하여 우주를 채우는 화학 원소의 근원이다!

별의 죽음

별의 크기는 매우 다양할 수 있다. 어떤 별들은 행성에 버금가기도 하고, 또 어떤 별들은 수천 개의 태양을 품을 수도 있다. 별의 질량은 별의 진화에 있어서 결정적인 요소다.

　태양과 같은 '가벼운' 별부터 살펴보자. 온도가 상승함에 따라 융합이 별의 중심에서 가장자리 층으로 이동하면, 이 가장자리 층이 팽창하기 시작해 적색 거성을 형성한다. 태양의 경우, 50억 년 안에 적색 거성이 될 정도로 팽창하여 지구를 집어삼킬 것이다. 적색 거성 중심의 헬륨이 모두 소진되면 핵은 갑자기 수축을 하고 바깥층은 떨어져 나간다. 그러면 우리는 천문학 애호가들의 방에 걸려 있는 다채로운 색채의 구름 중 하나인 성운을 관찰할 수 있게 된다.

© NASA

허블 망원경으로 관측한 게성운. 중심에 중성자별이 있다.

태양보다 훨씬 무거운 별들은 긴 연소 사슬을 생성하기에 충분한 온도를 갖는다. 이 별들에서는 철 원자가 형성되는 운명적인 순간까지 점점 더 무거운 원자들이 융합하는데, 극도로 안정적인 상태의 철 원자는 다른 원자들과 결합할 수 없으므로 운명적인 순간에 이르면 융합 반응이 갑자기 중단된다. 이때부터 중력이 우위를 차지해 별의 중심부는 스스로 붕괴되어 매우 조밀한 핵을 형성하고 바깥층은 핵으로부터 엄청난 속도로 떨어져 나와 격렬하게 방출되는데, 이를 초신성 폭발이라고 한다. 폭발의 순간에는 은하 전체보다 훨씬 많은 양의 빛이 방출된다!

별의 잔해

초신성이 폭발한 후 별의 잔해는 어떻게 될까? 답은 초기 질량에 있다. 별이 무거울수록 그 잔해도 중력의 영향을 더 크게 받는다.

태양과 비슷한 별들의 핵은 매우 조밀한 천체인 백색 왜성이 된다. 백색 왜성은 지구와 같은 행성의 부피에 태양과 비슷한 질량을 집중시키는데, 그래도 중성자별에 비할 수는 없다. 중성자별은 대도시보다 작은 크기에 태양보다 큰 질량을 싣는다.

이러한 별들은 **축퇴 압력**이라고 불리는 신비한 힘의 개입으로 중력과 맞선다. 양자 역학에 기원을 둔 이 힘은 극도로 높은 핵 밀도, 즉 핵 안의 높은 밀도로 인해 입자들이 같은 자리에 있지 않으려고 서로 밀어내는 것과 관련되어 있다.

　별은 특정 임계 질량(태양 질량의 약 30배)을 초과하면 한계에 이르러 중력을 더 이상 견딜 수 없게 된다. 이때 축퇴 압력도 붕괴를 막기에는 역부족인 상태에 이르러 핵이 계속 붕괴하고, 핵에 포함된 모든 물질이 무한대의 밀도를 갖는 지점에 이르기까지 수축한다. 바로 블랙홀이 탄생하는 순간이다. 일반 상대성 이론의 선봉에 있는 이 특별한 천체는 다음 장에서 만나도록 하자.

감마선 폭발

영화 〈스타 워즈〉 속 '데스 스타 Death Star'가 실제로 구현된다면 아마도 중성자별의 모습일 것이다. 중성자별은 충돌할 때 초강력 광선을 방출할 수 있는데, 이것을 **감마선 폭발**이라고 부른다. 방출되는 광선의 성질(감마선은 존재하는 전자기파 중 가장 강력하다)과 짧고 강렬한 특성 때문에 감마선 폭발은 태양이 일생 동안 뿜어내는 양만큼의 에너지를 단 몇 초 만에 방출한다.

폭발 에너지는 좁은 원뿔에 완전히 집중되어 있어서 몇 광년 동안의 경로에 있는 모든 것을 파괴한다. 다행히도 지구 가까이에는 우리의 운명을 위협하는 중성자별은 없는 것으로 추정된다. 그러나 하루에도 여러 번 멀리 떨어진 곳에서 발생한 감마선 폭발의 흔적이 전달된다. 감마선 폭발 흔적은 1967년 미 공군 위성에 의해 또 한 번의 우연의 산물로서 발견되었다. 당시 임무는 소련의 핵 실험으로 방출된 감마선을 탐지하는 것이었다!

영원의 끝

우주의 시대를 관통하는 우리의 여정이 끝나 가고 있다. 소립자, 원자, 별의 기원인 빅뱅을 살펴보았으니 이제 남은 것은 우주의 피할 수 없는 운명, 바로 우주의 죽음이다. 우주는 화려한 막을 내릴까, 아니면 비극적인 결말을 맞이할까? 여기서는 모든 시나리오가 가능하다.

우주가 찢어지다?

우리가 상상할 수 있는 가장 극적인 결말, 즉 빅 립Big Rip이라고 알려진 거대한 우주 파열부터 시작해 보자. 자세히 살펴보았듯이 우주는 암흑 에너지의 영향으로 팽창하고 있다. 오늘날 암흑 에너지는 우리 주변의 구조물에 영향을 미치지 않을 정도로 중력에 비해 충분히 약하다. 그래서 은하들은 암흑 에너지에 큰 영향을 받지 않고 그 안에 있는 별들도 서로 멀어지지 않는다. 하지만 은하와 은하 사이의 우주 속 거대한 진공 상태 영역에서 암흑 에너지는 은하를 서로 멀리 떨어뜨리는 힘을 발휘한다.

만약 우주의 팽창이 급격히 빨라지기 시작한다면 어떻게 될까? 만일 암흑 에너지의 영향력이 더 커진다면? 만약 이러한 보이지 않는 유령 에너지가 천체를 분해할 정도로 강력해진다면, 지구의 시점에서 볼 때는 밤하늘의 은하가 사라지고, 별들이 죽어 없어지고, 행성과 태양과 달이 그 뒤를 따른 후…… 마침내 지구가 파멸해 우리 몸의 원자가 산산이 흩어지는 마지막 순간을 맞이한다. 무시무시한 종말이지만 가능성은 매우 희박하다. 물리학자 대부분은 유령 에너지가 존재하지 않는다고 확신한다.

튀어 오르는 우주?

반대로 암흑 에너지가 약해진다면 어떻게 될까? 그럼 우주의 팽창이 느려지기 시작해 결국 멈추었다가 역전될 것이다. 우주의 유일한 여왕인 중력의 영향으로 여왕의 땅에 거주하는 은하와 블랙홀은 서로를 향한 광란의 질주를 시작한다. 블랙홀은 미친 듯이 자신의 경로에 있는 모든 것을 집어삼키고 다른 블랙홀과 합쳐져 하나의 메가 블랙홀을 형성하는데, 이 메가 블랙홀의 중심에 우주의 모든 물

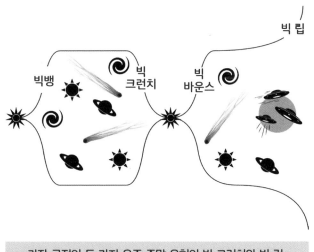

가장 극적인 두 가지 우주 종말 유형인 빅 크런치와 빅 립.

질이 있다. 정확히 빅뱅의 순간처럼! 이것을 빅 크런치Big Crunch라고
부른다.

빅 크런치는 새로운 우주의 시작일까? 이는 우리 우주가 이전 우
주의 붕괴에서 비롯되었고, 이전 우주는 또 다른 이전 우주의 잔해
로부터 탄생했다는 빅 바운스 이론의 근거가 될 수 있는 시나리오
중 하나다. 사랑스러운 우리의 우주는 무한히 반복되는 우주의 호흡
중 하나의 들숨일 뿐인 것이다.

어지럽지만 아름다운 이 두 번째 시나리오는 아쉽게도 사변적인
가설이다. 암흑 에너지가 언젠가 약해질 수 있다는 징조는 어디에도
없다.

얼어붙은 우주?

두 가지 극적인 우주 종말 가설을 살펴보았으니 이제 가장 가능성이 높은 시나리오를 알아보자. 우주의 온도가 급감하는 대동결 시나리오, 일명 '열 죽음' 가설이다.

우리 우주는 생애 주기 중 가장 아름다운 황금시대를 살고 있다. 별들은 은하계에서 태어나고 죽으며 우주를 밝히고, 모든 종류의 원자를 생성하고, 우리 대기를 따뜻하게 한다. 별들은 현재 매우 효율적으로 재생성된다. 폭발하는 별들은 각각 거대한 기체 구름을 방출하고, 기체 구름은 다시 압축되어 새로운 별을 생성한다. 그러나 우주가 나이 들면서 점점 많은 물질이 불활성 별(블랙홀과 백색 왜성)의 잔해 속에 갇히고, 기체 구름은 희석되어 냉각된다.

따라서 별의 시대는 필연적으로 끝이 나고, 차갑고 어두운 우주를 가득 채운 블랙홀의 시대가 열린다. 이것이 우주의 마지막 운명일까? 아직 아니다. 블랙홀도 영원하지 않기 때문이다. 다음 장에서 보겠지만, 블랙홀은 빛의 형태로 증발하고 몇몇 입자와 고독한 광선만이 산재하는 더 텅 빈 우주에 자리를 내준다.

다행히도 이 불길한 미래는 멀리 떨어져 있는 이야기인 만큼, 불가피하지만 인간은 이 슬픈 종말을 목격하지 않을 것이다.

엔트로피

우주의 열 죽음은 일반 상대성 이론보다 훨씬 앞선 19세기에 등장한 **엔트로피** 개념과 관련이 있다. 엔트로피는 물리학자들이 무질서를 나타내기 위해 사용하는 용어다. 커피에 우유를 부으면, 우유와 커피가 분리된 질서 정연한 배치에서 서로 뒤섞이는 무질서한 구조로 변하며 전체 엔트로피가 상승한다.

1872년, 저명한 물리학자 루트비히 볼츠만Ludwig Boltzmann이 발표한 열역학 제2 법칙은 외부와 접촉이 없는 계의 엔트로피는 시간이 지남에 따라 오직 증가할 수밖에 없음을 규정하고 있다.

일단 우유와 커피가 섞이면 분리될 수 없다. 분리하는 것은 전체 엔트로피를 감소시키기 때문에 불가능하다. 마찬가지로 전체 우주는 자발적으로 더 무질서한 상태로 진화한다. 커피 속 우유처럼 우주는 시간이 지나면서 균질해진다. 우주가 불가피하게 향하고 있는 최대 엔트로피 상태인 완벽하게 균일한 먼지 구름, 끝없는 팽창으로 인해 끝없이 냉각되는 구름은 절망적일 정도로 단조롭다.

시공간의 신비

"블랙홀? 그곳은 신이 0으로 나눈 곳이다."

알베르트 아인슈타인

우주의 숨 막히는 역사는 물리학에서 일반 상대성 이론이 갖는 중요성을 일깨워 주었다. 특수 상대성 이론과 뉴턴의 중력 법칙을 단순히 결합한 것으로 여겨졌던 일반 상대성 이론은 전체 우주 규모에 적용되고 빅뱅 이후 우주의 진화를 설명할 수 있을 만큼 충분히 강력한 이론임이 입증되었다. 그러나 일반 상대성 이론으로 혁신적인 발전을 이룬 학문은 우주론만이 아니다. 이 마지막 여행에서 우리는 일반 상대성 이론이 우주에 넘쳐나는 물체를 연구하고 그와 관련된 현상을 탐구하는 천체 물리학을 어떻게 발전시켰는지 살펴볼 것이다.

일반 상대성 이론의 핵심은 물질과 시공간 사이의 상호 작용을 설명하는 아인슈타인 방정식이다. 이 방정식의 복잡성은 수학자와 물리학자에게 끝없는 장난감이 되어, 이들에게 얼토당토않은 해를 찾는 재미를 느끼게 한다. 이제 이러한 탐색의 결과에서 유래한 시공간적 호기심을 만나 보도록 하자. 우주의 한쪽 끝에서 다른 쪽 끝까지 한 번에 이동하게 해 주는 웜홀과 같은 개념들은 (지금까지는) 공상 과학 소설에서나 등장하지만, 그에 못지않게 이상한 두 가지가 최근 우리 하늘에 구체화되었다. 바로 블랙홀과 중력파다.

혜성, 별, 성운, 은하……. 이것들은 천체 물리학이라는 위대한 소설의 단골 등장인물들이다. 일반 상대성 이론 덕분에 이 소설에는 새로운 두 주인공이 등장했고, 앞으로도 더 많은 인물들이 나타날 것이다. 이 책의 마지막 두 장에서 그들과 만나 보도록 하자.

CHAPTER

7

블랙홀

블랙홀의 탄생

이 장에서는 중력 법칙에 따라 우주를 지배하는 거인 중의 거인인 블랙홀의 영역에 대해 살펴볼 것이다. 블랙홀은 두려운 만큼 매혹적이고, 당황스러운 만큼 호기심을 불러일으킨다. 그래서 블랙홀은 일반 상대성 이론의 궁극적인 탐구 목표이기도 하다. 1916년의 수학적 예측부터 2019년의 관측까지, 블랙홀 발견의 역사에 집중함으로써 우리는 상대론적 여정의 끝에서 두 번째 단계를 밟을 것이다. 아직 우리에게는 한 단계가 더 남아 있다!

최전선의 물리학자

모든 것은 1916년 제1차 세계 대전이 발발한 아수라장에서 시작되었다. 독일의 세계적인 물리학자이자 포츠담 천체 물리학 연구소 소장이었던 **카를 슈바르츠실트**Karl Schwarzschild는 독일군 포병대에 입대하여 러시아 전선에서 전투를 치르고 있었다. 1915년 11월, 생지옥과도 같았던 전쟁터에서 일반 상대성 이론에 관한 아인슈타인의 논문을 발견한 슈바르츠실트는 아인슈타인이 말하는 새로운 중력 이론을 모든 방면으로 검토해 1916년 1월 아인슈타인에게 '슈바르츠실트의 해Schwarzschild solution'로 역사에 길이 남을 내용이 담긴 편지를 보냈다.

그것은 불과 두 달 전에 발표된 아인슈타인 방정식을 정확하고도 물리적으로 매우 흥미롭게 푼 첫 번째 풀이였다! 아인슈타인 방정식의 수학적 복잡성을 고려하면 슈바르츠실트의 업적은 그 속도 면에서나 이론적, 관찰 유산의 차원에서 괄목할 만한 것이었다. 하지만 안타깝게도 슈바르츠실트는 1916년 5월 11일, 물리학 역사에 그 이름을 영원히 남기고 전장에서 질병으로 사망했다.

이 풀이는 무엇을 설명할까? 바로 별과 행성 등을 포함한 완벽한 구형의 천체 주위에 있는 중력장이다. 아인슈타인이 수성의 근일점 수수께끼를 풀고 중력 렌즈 효과를 예측할 수 있었던 것은 슈바르츠실트의 풀이 덕분이었다. 그렇다면 대체 왜 블랙홀에 대한 장에서 이 이야기를 하는 것일까? 조금만 참자. 거의 다 도착했다!

되돌아올 수 없는 곳

슈바르츠실트의 해는 첫눈에 보면 뉴턴의 중력 법칙과 관련해 새로운 사실을 말하는 것 같지 않다. 이 해에서는 끌어당기는 물체의 중심에 접근할수록 단순히 중력장, 또는 시공간의 곡률이 점점 강해진다는 사실을 발견할 수 있을 뿐이다. 물체의 인력에서 벗어나는 일은 산에서 내려오는 물살을 거슬러 오르는 것과 같다. 물체에 다가갈수록 물살은 더욱 강해진다.

다만 여기 한 가지 특이점이 있다. **슈바르츠실트 반지름**이라고 불리는, 물체로부터 떨어진 특정 거리에서는 빛의 속도로 수영하지 않는 한 물살에 저항할 수 없게 된다. 이 지점에서는 중력 당김이 너무 강해서 빛조차도 빠져나가지 못하는데, 이를 **사건 지평선**이라고 한

슈바르츠실트
반지름

사건 지평선

슈바르츠실트의 해는 밑 빠진 독과 유사해서 한번 빠지면 영원히 그 속에 갇힐 수 있으므로 너무 가까이 다가가선 안 된다!

201

다. 이 지평선은 오직 한 방향, 즉 바깥에서 안쪽으로만 이동할 수 있다.

자, 지금까지 블랙홀은 등장하지 않았다는 것에 주목하기 바란다. 구형 물체라면 무엇이든지 슈바르츠실트 반지름을 갖는다. 구형 물체가 블랙홀이 되려면 전체 질량이 슈바르츠실트 반지름 안에 들어갈 만큼 밀도가 높아야 한다. 그러면 슈바르츠실트 반지름은 지평선의 형태로 구현되고, 근처를 지나가는 모든 것을 돌이킬 수 없이 집어삼킨다.

다행스럽게도 지구는 가벼워서 슈바르츠실트 반지름이 겨우 수 센티미터에 불과하다. 지구가 블랙홀이 되려면 구슬 정도의 크기가 될 때까지 완전히 축소되어야 하는데, 이를 밀도 요구 조건이라고 한다. 태양의 경우에는 몽블랑산 정도의 부피로 압축되어야 한다.

블랙홀은 존재할까?

말할 것도 없이, 선험적으로 이러한 극도의 밀도 조건은 충족하기 어려워 보인다. 그렇기 때문에 슈바르츠실트의 수학적 설명은 블랙홀의 존재를 물리학자들에게 납득시키기에는 역부족이었다. 아인슈타인도 어쩌면 자신보다 앞서가는 것 같아서 질투했는지도 모르지만, 블랙홀은 비현실적이라고 생각했다.

블랙홀은 물리학의 대상이 되기에는 필수적인 요소, 즉 형성 메커니즘에 대한 설명이 부족했다. 이 형성 메커니즘은 1935년 인도 태생의 천체 물리학자 수브라마니안 찬드라세카르_{Subrahmanyan Chandrasekhar}가 생애 주기의 마지막 단계에 도착한 질량이 매우 큰 별들은 극도의 밀도로 붕괴하는 것 외에 다른 해결책이 없음을 밝혀내면서 비로소 등장한다. 그의 연구는 블랙홀 연구의 불씨를 되살렸고, 이 연구는 1960년대에 황금기를 맞이해 다양한 형태의 보다 복잡한 블랙홀에 대한 연구가 이어졌다.

(존 휠러 덕에) '블랙홀'이라는 용어가 만들어진 때도 1960년대다. 블랙홀은 '빅뱅'만큼 빠르게 대중문화에 자리 잡았다. 블랙홀은 그 이름에 이미 가장 두드러진 특징, 즉 중력장이 빛을 모두 흡수해 버린다는 것을 잘 드러난다. 결과적으로 블랙홀은 우주에 뚫린 거대한 구멍으로 항성이 내뿜는 빛을 흡수하고 굴절시킨다!

블랙홀을 보다

블랙홀은 주위의 빛을 모두 흡수할 만큼 밀도가 높은 물체다. 그러다 보니 블랙홀은 완전히 보이지 않을 것이라고 예상하기 쉽다. 그러나 2019년 4월 10일, 과학계를 뒤흔든 역사적인 관측이 있었다. 최초로 블랙홀이 관측된 것이다! 어떻게 이 관측이 가능했을까?

블랙홀의 드레스

우리는 어릴 때부터 달은 그 끌개인 지구 주위를 돌고, 지구는 그 끌개인 태양 주위를 돈다는 사실을 잘 알고 있다. 가벼운 물체는 무거운 물체를 중심으로 회전한다. 이는 무거운 물체의 제왕인 블랙홀에도 예외 없이 적용된다. 토성과 마찬가지로 블랙홀은 자신의 회전을 조정하는 원반 모양의 물질로 자신을 둘러쌀 수 있다.

2019년 4월 10일, 천문학자들은 블랙홀 M87*의 원반을 관측할 기회를 얻었다. M87*은 은하수에서 약 5000만 광년 떨어진 은하 M87의 중심에 위치한 블랙홀이다. 이 블랙홀이 우리에게 블랙홀의 존재에 관한 첫 번째 직접적인 증거를 보낸 것이다. 다음 장에서 보게 될 중력파는 간접적인 증거일 뿐이다. 우리가 그렇게 멀리 떨어진 블랙홀의 원반을 관찰할 수 있는 이유는 토성의 불활성 고리와는 달리, 이 원반은 주변의 빛을 단지 반사할 뿐만 아니라 스스로도 빛을 방출하기 때문이다.

블랙홀의 원반을 구성하는 기체는 우주의 다른 어느 곳에서도 발견할 수 없는 빛 속도의 10분의 1에 달하는 속도로 가속되는 지옥의 소용돌이에 휩쓸려 간다. 끔찍한 난기류에 휘말린 물질들은 부딪히고 충돌하며 찢기고, 온도는 수백만 도까지 상승하여 태양 핵의 온도에 가까운 값에 이른다. 이 열을 발산하기 위해서 블랙홀의 원반은 7장에서 언급한 열복사를 통해 엄청난 양의 빛을 방출한다. 그 결과 원반은 에너지를 잃고, 필연적으로 언젠가는 블랙홀로 빨려 들어간다.

따라서 구름과 행성과 별 등의 주변 잔해들을 모두 삼키는 블랙홀은 우주에서 가장 밝은 천체가 되어 우리 은하 전체보다 몇백 배 더 많은 빛을 방출할 수 있다!

다음 사진에서 블랙홀의 빛나는 드레스를 감상해 보자. 블랙홀의 원반은 토성 고리가 토성에 의해 가려지듯 뒷면이 블랙홀에 의해 가려질 것이라고 예상되지만, 흥미롭게도 우리는 블랙홀의 원반

전체를 보고 있는 듯하다. 이것은 사실 중력 렌즈 현상으로 인한 착시다. 블랙홀에 의해 가려져야 할 원반의 뒷면에서 방출되는 빛이 블랙홀을 우회해서 우리 눈에 도달할 만큼 충분히 편향되는 것이다.

나란히 보이는 두 사진은 일반 상대성 이론의 위력을 보여 준다. 왼쪽 사진은 2019년에 직접 관측한 블랙홀 M87*의 모습이다. 이는 40년 전 프랑스의 천체 물리학자 장피에르 뤼미네Jean-Pierre Luminet가 1세기 전 슈바르츠실트의 해를 바탕으로 수행한 컴퓨터 시뮬레이션(오른쪽)을 확증한다.

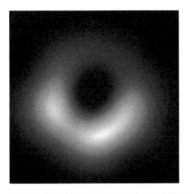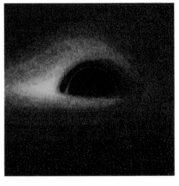

© NASA

2019년 사건 지평선 망원경 Event Horizon Telescope**이 관측한 블랙홀**(왼쪽)**과 슈바르츠실트 해로부터 시뮬레이션한 블랙홀**(오른쪽).

지구 크기의 망원경

M87*의 원반은 거대하다. 지름이 약 1광년으로 우리 태양계의 크기와 맞먹는다. 그러나 이 불랙홀은 또한 지구로부터도 대략 5000만

광년 정도로 매우 멀리 떨어져 있다. 지구에서 M87*을 관찰하는 일은 뉴욕에서 캘리포니아 해변의 모래 한 알을 관찰하는 것과 같다! 직경 10미터짜리 가장 강력한 광학 망원경도 그 정도 거리에서는 테니스공도 식별하지 못한다. 더 자세히 보기 위한 방법은 한 가지, 망원경의 크기를 늘리는 것뿐이다.

이것이 바로 2009년부터 시작된 '사건 지평선 망원경 협업'이라는 엄청난 프로젝트가 탄생하게 된 배경이다. 이 프로젝트는 하나의 거대한 망원경이 아닌 유럽, 남아메리카와 북아메리카, 남극 등 세계 각지에 위치한 '작은' 망원경들을 묶는 네트워크를 구축하는 작업이다. 이 망원경 네트워크는 간섭계라는 매우 강력한 도구를 사용해 각각의 망원경들이 관측하는 내용을 결합한다.

19세기 말에 에테르의 성질(1장 참조)을 탐구하기 위해 사용되었던 간섭계는 중력파(다음 장 참조) 탐지에도 핵심 역할을 한다. 이 기술 덕분에 망원경 네트워크는 지구만 한 크기의 단일 망원경과 동일한 해상도를 확보할 수 있다!

네트워크에 포함된 망원경 중에는 ALMA[6] 전파 망원경이 있다. 칠레 아타카마 사막의 해발 5100미터에 설치된 이 망원경에만 직경 10미터짜리 안테나 수십 개가 연결되어 있다(다음 사진).

....

[6] 아타카마 대형 밀리미터 집합체 Atacama Large Millimeter Array의 약어.

© Observatoire astronomique national du Japon (NAOJ)

ALMA 전파 망원경을 구성하는 안테나 연결망

이 프로젝트는 2019년 4월 10일, 블랙홀 M87*의 첫 번째 이미지가 공개되면서 첫 번째 큰 성공을 거두었다. 에딩턴이 중력 신기루를 처음 관찰한 지 100년이 지난 후 얻은 이 이미지는 일반 상대성 이론의 가장 아름다운 시각적 예시를 보여 주며 블랙홀의 존재에 관한 논쟁을 완벽하게 종결시켰다.

사건 지평선 망원경의 다음 목표는 우리 은하의 중심인 궁수자리 A*Sagittarius A*에 있는 초대형 블랙홀 촬영이다.

블랙홀의 중심으로

블랙홀에 빠지면 어떻게 될까? 이 우주 대식가의 미스터리를 풀기 위해 그 중심으로 여행을 떠나 보자. 시공간에서 가장 짜릿한 경험을 하는 여행이 될 것이다!

놀라운 추락

한 가지 주의 사항이 있다. 이 여행은 조금 위험할 수도 있다. 만일 당신이 블랙홀에 머리부터 빠져 들어간다면 블랙홀 중심에 상체가 더 가까워져 당신의 발보다 더 강한 중력장을 느낄 것이다. 따라서 블랙홀에 접근할수록 몸은 고무줄처럼 늘어나 결국 팔다리가 떨어져 나가 버린다. 하지만 이야기를 흥미롭게 하기 위해 당신의 몸이 스파게티처럼 길게 늘어나도 살아남을 수 있다고 가정해 보자.

이 여행의 놀라운 첫 번째 구간은 빛이 빠져나오기에는 블랙홀과 너무 가깝지만 빨려 들어가기에는 먼 매우 특별한 영역인 광구 photosphere 통과다. 지구를 공전하는 달처럼, 광구의 광선은 덫에 걸린 듯이 블랙홀 주위를 끊임없이 돌며 빛의 구체를 형성한다.

여기서 추락을 잠시 멈추고 경치를 즐겨 보자. 어디서도 볼 수 없는 독특한 볼거리가 눈에 들어올 텐데, 바로 당신의 뒤통수다! 당신의 머리 뒤쪽에서 반사되는 빛이 블랙홀 주위의 고리를 순환하여 눈에 닿은 것이다.

시간이 멈추다

여행을 다시 시작하자. 당신은 그 유명한 사건 지평선에 다다른다. 이제 당신은 블랙홀 안에 영원히 갇힌 죄수의 신세가 될 것이다. 당신의 관점에서는 이곳을 지나면서 특별한 일이 벌어지지 않지만, 블랙홀 상공을 비행하는 우주 비행사는 상당히 낯설고 특이한 광경을 목격하게 된다.

우주 비행사의 관점에서는 당신이 블랙홀 밖으로 내보내는 빛은 블랙홀의 인력에서 벗어나는 데 점점 시간이 오래 걸려 늦게 도착한다. 당신이 사건 지평선에 가까워질수록 우주 비행사의 눈에는 당신이 느리게 추락하는 것으로 보인다. 지평선에 도달하는 순간에는 추락을 멈춘 것처럼 보이며, 당신이 보낸 마지막 빛은 우주 비행사에게 도달하기까지 거의 무한대의 시간이 걸린다. 중력장에 맞선 빛은 에너지를 잃고 진동수도 줄어든다. 따라서 우주 비행사는 당신이 입고 있는 우주복의 밝은 흰색이 붉은색으로 변하는 광경을 목격한 후로는 아무것도 보지 못한다. 당신의 마지막 모습은 영원 속에 갇혀 인간의 눈에는 절대 보이지 않을 것이다.

블랙홀 안에서

당신은 이제 운명의 지평선을 넘어 우주의 나머지 영역과 완전히 분리되었다. 대체 지금 무슨 일이 일어나고 있을까? 영화 〈인터스텔라〉에서 크리스토퍼 놀란 감독이 상상한 것처럼 5차원의 세계로 들어왔을까? 지평선의 정의에 따라, 당신은 최소한의 신호조차 밖으로 내보내지 못한다. 그렇기에 지평선 너머에서 무슨 일이 일어나고 있는지 아무도 알 수 없지만, 슈바르츠실트의 계산은 우리에게 몇 가지 단서를 준다.

블랙홀에 가까워질수록 시간의 흐름은 느려지면서 지평선에서 완전히 얼어붙는다. 수학적으로는 지평선을 통과하면서 시간과 공간의 역할이 뒤집히는 놀라운 일이 벌어진다. 즉 공간-시간 좌표가 시간-공간 좌표로 뒤집히는 것이다!

이것은 무엇을 의미할까? 지구에서나 달에서나 시간의 흐름은 가차 없어서 아무도 그것을 멈추거나 되돌릴 수 없다(과거로의 여행도 불가능하다). 블랙홀의 내부에서는 중심을 향한 추락이 바로 이런 거스를 수 없는 특성을 보인다. 추락을 멈출 수도, 다시 거슬러 올라갈 수도 없다. 시간의 흐름은 공간의 흐름으로 대체되어 블랙홀의 중심은 지평선을 가로지르는 모든 것을 꼼짝없이 끌어당기고, 블랙홀의 모든 물질을 크기가 0이고 밀도가 무한한 하나의 점인 **특이점**에 집중시킨다.

보이지 않는 특이점을 여행하다

마침내 우리는 여행의 종착지인 블랙홀의 중심에 도착했다. 이제 무슨 일이 일어날까? 물리학자들은 밀도처럼 측정 가능한 양은 원칙적으로 무한할 수 없기 때문에 블랙홀의 특이점에 대해 당황하는 반응을 보인다. 아인슈타인이 1939년 논문에서 블랙홀은 존재할 수 없다고 말한 이유도 이 때문이었다!

수학자들 역시 슈바르츠실트의 해가 시공간의 무한 곡률을 나타낸다는 이유로 더 이상 앞으로 나아가지 못한다. 수학계에서는 한 특이점이 다른 특이점들보다 더 문제가 된다. 슈바르츠실트의 해는 블랙홀에서 멀리 떨어져 있는 관찰자 시점에서 시공간을 설명하기 때문에 사건 지평선에서 시간이 더 이상 흐르지 않는다는 인상을 준다. 하지만 블랙홀 안으로 추락하는 여행자의 관점에서 보면 지평선을 넘는 순간에도 시간은 정상적으로 흘러간다. 즉 지평선은 '가짜' 특이점이고, 관점의 변화에 따라 제거할 수 있다.

반면 블랙홀 중심의 특이점은 제거할 수 없는 '진짜' 특이점이며, 오늘날까지도 수학자들은 그 본질을 이해하기 위해 연구하고 있다.

이러한 연구자들 중 가장 알려진 사람은 영국의 수학자 로저 펜로즈Roger Penrose로, 그는 1965년에 그러한 특이점의 형성에 관한 유명한 정리를 증명해 2020년 노벨 물리학상을 수상했다. 로저 펜로즈는 1969년 '우주 검열'이라는 중요한 가설을 제시하기도 했다. 이 가설은 '진짜' 특이점은 '노출'될 수 없으며 우주의 일관성을 유지하기 위해서 지평선 안에 현명하게 숨어 있어야 한다고 주장한다.

불가사의한 블랙홀

블랙홀은 우리의 상상력과 눈을 즐겁게 해 주는 매혹적인 존재 만은 아니다. 블랙홀이 물리학에서 이토록 중요한 위치를 차지하 는 이유는 자연 법칙에 대한 인간의 가장 기본적인 이해를 전복 시키는 놀라운 속성을 갖고 있기 때문이다.

털 없음 정리

특이점에 뛰어든 당신은 블랙홀의 현실에 머리털이 빠질 듯하다. 사 실, 블랙홀은 정말 대머리다! 1967년 물리학자 베르너 이스라엘 Werner Israel이 증명한 일명 **털 없음 정리**에 의하면 블랙홀은 질량과 회 전이라는 두 가지 물리량에 의해서만 고유하게 정의된다. 블랙홀을 특징짓는 이 두 가지를 제외한 다른 모든 '털'은 사건 지평선에서 지워진다.

이것은 블랙홀의 **정보 역설**로 알려진 중요한 물리학 문제를 제기한다. 블랙홀에 두꺼운 백과사전을 던진다고 상상해 보자. 백과사전이 지평선을 통과하면 그 안에 담겨 있는 모든 정보는 영원히 파괴된다. 하지만 우리는 무엇도 없어지거나 생성되지 않는다는 것을 알고 있다. 모든 것은 그저 변형될 뿐이다!

양자 물리학은 18세기 프랑스 화학자 앙투안 라부아지에_{Antoine Lavoisier}가 선언한 이 신성불가침의 원칙이 물질과 정보 모두에 적용된다고 말한다. 백과사전을 불태워 버려도 그 안에 담긴 정보는 여전히 우주 어딘가에 재와 빛의 형태로 남아 있을 것이다. 백과사전 속 정보를 파악하기 위해 잔해들을 해독하기란 매우 어렵겠지만, 이론적으로는 충분히 가능하고 정보도 온전하다.

그러나 백과사전이 블랙홀에 빠지면 어떤 잔해도 우주에 나타나지 않는다. 털 없음 정리에 따르면 손실된 정보는 복구할 수 없다. 질량과 회전이라는 두 가닥의 '털'로는 결코 백과사전 속 모든 정보를 추적하지 못한다!

블랙홀의 증발

백과사전의 정보가 우주에서 실제로 사라진 것은 아니며, 우리의 범위를 벗어났지만 뚫고 들어갈 수 없는 지평선 뒤에 여전히 감춰져 있을 것이라고 반박할 수도 있다. 그러나 그 주장은 영국의 저명한 천체 물리학자 스티븐 호킹Stephen Hawking이 발견한 이상한 현상인 **호킹 복사**를 고려하지 않은 것이다.

호킹 복사는 블랙홀이 영원하지 않다고 말한다. 블랙홀이 수증기가 아닌 빛을 방출하면서 서서히 '증발'한다는 것이다. 사라질 운명인 블랙홀이 자신이 삼켰던 정보를 '반환'할 수 없다면 우리는 백과사전의 정보를 영원히 잃어버릴 것이다.

따라서 털 없음 정리와 호킹 복사를 결합하면 정보의 보존 법칙이 심각하게 위반되어 버린다. 백과사전은 블랙홀에 삼켜진 후 어떤 흔적도 없는 형태로 우주로 뿜어져 나올 것이다. 이 역설에 대한 가장 유명한 증명은 1999년 노벨상을 수상한 네덜란드 물리학자 헤라르뒤스 엇호프트Gerardus 't Hooft가 제안한 **홀로그래피 원리**이다. 홀로그래피 원리는 백과사전이 블랙홀 표면에 홀로그램으로 각인된 상태로 남는다고 제안한다. 그런 다음 백과사전은 증발하면서 다른 형태로 반환된다. 그러나 엄밀히 말해 이 책을 쓰고 있는 지금도 정보 역설은 여전히 풀리지 않았다.

시공간의 소용돌이

블랙홀은 질량과 회전으로 고유하게 정의된다는 털 없음 정리로 돌아가 보자. 블랙홀처럼 무형인 물체가 어떻게 회전을 할 수 있을까?

기억하고 있겠지만, 블랙홀은 무거운 별의 잔해로부터 형성된다. 지구와 마찬가지로 별들은 자전을 하고, 별이 붕괴할 때에도 자전은 약해지지 않는다. 오히려 마치 피겨 스케이트 선수가 제자리에서 회전하며 팔을 들어 올릴 때처럼 속도가 빨라진다.

그렇게 생성된 블랙홀은 더 이상 주위 물체들을 빨아들이는 것만으로 멈추지 않고 물체들을 끔찍한 소용돌이 속으로 몰아넣는다. 이 이야기는 더 이상 슈바르츠실트의 블랙홀이 아니라, 1963년 아인슈타인 방정식의 새로운 풀이를 발견한 뉴질랜드의 수학자 **로이 커**Roy Kerr의 이름을 딴 '커 블랙홀'에 대한 것이다.

커 블랙홀은 축을 중심으로 회전하는데, 이로 인해 **작용권**ergosphere이라고 불리는 주목할 만한 새로운 영역이 나타난다. 사건 지평선에서 블랙홀을 빠져나오기 위해 역행할 수 없듯, 작용권에서는 소용돌이의 반대 방향으로 헤엄칠 수 없다!

블랙홀에서 에너지를 추출하다

인류의 후손들은 최후의 별이 소멸하는 블랙홀 시대가 도래할 때 어떻게 에너지를 공급받게 될까? 1969년 펜로즈는 블랙홀을 재생 에너지원으로 활용하는 놀라운 방안을 제시했다. **펜로즈 과정**이라고 불리는 이 아이디어는 더 이상 실현 가능해 보이지 않지만, 공상 과학 소설을 좋아하는 독자들의 이목을 끌 만한 이야기다.

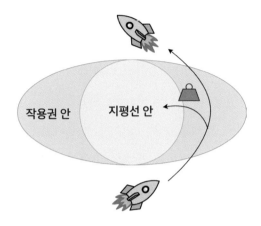

그림으로 나타낸 펜로즈 과정: 로켓은 작용권을 통과하는 동안 블랙홀로 물체를 떨어뜨려 속도를 높인다.

핵심 아이디어는 우주선이 작용권을 왕복하며 블랙홀에서 에너지를 추출하는 것이다. 이 위험한 시공간 영역에서 우주 왕복선은 지평선에 사로잡히지 않을 만큼 충분히 거리를 유지하고 있는 블랙홀의 회오리바람에 의해 속도를 높인 다음, 영화 〈인터스텔라〉의 마지막 장면에서처럼 밸러스트를 던져 빠져나온다. 우주 왕복선은 작용권에 진입할 때보다 빠져나올 때 블랙홀에서 자신의 회전 에너지의 일부를 훔쳐 더 빠른 속도로 빠져나온다.

물론 작용권으로의 여행을 수차례 반복한 후에는 결국 블랙홀의 회전이 느려질 것이다. 하지만 우리의 후손들은 무거운 물체를 던져 블랙홀의 회전을 되살릴 것이다. 마치 줄을 잡아당겨 회전하는 팽이에게 에너지를 공급하는 것처럼!

우주 폭탄

어떤 사악한 문명이 펜로즈 과정을 악용하여 강력한 우주 무기를 만들 수 있을까? 이 문명이 기술적으로 진보해 블랙홀에 빠지지 않으면서 그 주위에 거대한 구형 거울을 설치할 수 있다면 이론적으로는 가능하다. 이 끔찍한 무기는 광선을 블랙홀에 가두어 작용권 안과 밖을 왕복하며 에너지를 얻은 후 거울에 구멍을 뚫으며 파괴적으로 방출되는 식으로 작동한다. 이보다 더 끔찍해지는 방법은…… 거대 블랙홀이 폭발할 때까지 빛을 그 안에 가두는 것이다.

작고 더 작은 구멍들

블랙홀만이 시공간의 유일한 틈은 아니다. 우리는 블랙홀과 가까운 친척이면서도 더 낯선 '구멍들'을 상상해 왔다. 블랙홀과 달리 화이트홀과 웜홀은 직간접적으로 관측된 적이 없기 때문에 공상과학 장르에 속하는 과학적 개념들이다.

블랙홀의 반대편

블랙홀은 사건 지평선이라는 경계로 정의되며, 이 경계는 우주의 나머지 부분과 블랙홀을 구분하고 외부에서 내부로만 통과할 수 있다. **화이트홀**은 그 이름에서부터 암시하듯 블랙홀과 정반대의 성격을 갖는다.

블랙홀이 우물이라면 화이트홀은 분수다. 화이트홀도 사건 지평선을 갖지만, 안에서 밖으로만 통과할 수 있다. 화이트홀은 접근하는 모든 것을 너무 강하게 밀어내는 나머지 빛조차도 뚫고 들어갈 수 없으며, 블랙홀과 달리 상당량의 물질과 빛을 방출한다.

화이트홀이 블랙홀과 마찬가지로 아인슈타인 방정식의 정확한 해답이라고 해도 과학계는 단지 그뿐이라고 말할 것이다. 화이트홀은 존재하지 않을 것이기 때문이다. 블랙홀과 달리 화이트홀의 형성 메커니즘은 지금까지 확실하게 제안된 바가 없다. 수학적으로 블랙홀을 '역전'시킬 수 있다고 하더라도, 거대한 별의 붕괴가 어떻게 역전될 수 있는지 물리적으로 이해할 수 없기 때문이다.

그럼에도 불구하고 우리 우주의 풀리지 않은 미스터리는 우리가 마음껏 상상할 수 있게 해 준다. 우리 우주의 기원일 가능성이 있는 빅 바운스가 붕괴된 우주의 잔재를 뱉어 내는 화이트홀의 작품이었을 수도 있지 않은가? 게임은 끝나지 않았다.

웜홀을 통과하다

1935년 알베르트 아인슈타인과 그의 제자 네이선 로젠Nathan Rosen이 처음 상상했던 웜홀은 우주의 시공간 터널이다. 시공간의 두 장소를 연결하는 일종의 지름길인 것이다. 웜홀은 공상 과학 장르에 큰 영감을 주었다. 토성 근처에 발현한 웜홀을 통과해 더 이상 살 수 없는 땅이 된 지구를 탈출하는 이야기가 바로 영화 〈인터스텔라〉의 핵심

줄거리다. 칼 세이건의 소설을 원작으로 한 로버트 저메키스 감독의 영화 〈콘택트〉도 있다. 1997년 개봉한 이 영화에서는 먼 외계 문명이 제공한 계획에 따라 지구에 웜홀이 건설된다.[7]

웜홀의 원리를 이해하기 위해서, 시공간을 나타내는 종이를 머릿속에 다시 떠올려 보자. 당신이 지금 읽고 있는 페이지의 오른쪽 아래에서 오른쪽 위로 이동하기 위해서는 시간과 공간을 통해 이동해야 한다. 두 점이 멀리 떨어져 있다면 아마도 아주 멀리, 아주 오랫동안 이동해야 할 것이다. 하지만 한 가지 사실을 잊지 마라. 시공간은 종이처럼 구부러질 수 있다!

더 빠른 길로 가기 위해서 두 모서리가 서로 닿도록 종이를 구부리지 못하게 하는 것은 무엇인가? 원칙적으로는 아무것도 없다. 그렇기 때문에 웜홀의 존재는 여전히 진지하게 받아들여지고 있다. 웜홀을 설명하기 위한 많은 이론적 모형이 존재하는데, 그중 일부는 블랙홀에서 화이트홀로 이어지는 단일 방향 터널의 형태를 취할 것이라고 제안한다.

하지만 실제로는 웜홀의 불안정성으로 인해 그것을 통과할 가능성은 희박해 보인다. 안으로 들어가자마자 터널의 벽이 무너지는 경향이 있기 때문이다. 벽을 밀어낼 수 있는 유일한 가능성은 음의 질량을 갖는 물질을 사용하는 것이지만, 이러한 물질은 아직 관측된

---

[7] 주인공이 외계와 소통할 수 있는 도구는 영화의 촬영지였기도 한 미국령 푸에르토리코의 아레시보 관측대였다. 영화 〈제임스 본드〉 시리즈도 촬영했던 이 대형 구조물은 2020년 11월 붕괴되면서 엄청난 충격을 안겨 주었다.

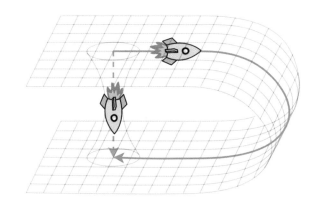

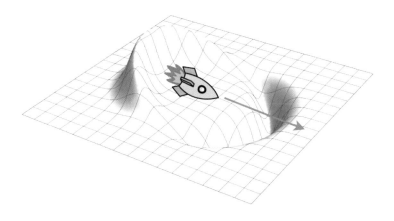

빛보다 빠르게 이동할 수 있는 두 가지 가능성
위: 먼 거리인(빨간 궤적) 시공간의 두 영역을 지름길(파란 궤적)로 연결하는 웜홀, 또는 아인슈타인-로젠 다리.
아래: 알큐비에레 드라이. 우주선의 앞뒤 시공간을 왜곡시켜 일종의 물결을 형성한다.

바가 없다.

웜홀의 미스터리는 아직 충분히 해결되지 않았다. 당분간 웜홀은 단지 매력적인 개념일 뿐이지만, 언젠가는 블랙홀처럼 하늘에 구현된 모습을 관측할 수 있을지도 모른다.

빛보다 빠르게 여행하기

〈스타 트렉: 엔터프라이즈〉 시리즈에 등장하는 우주선의 워프 드라이브 Wrap Drive처럼 빛보다 빠르게 우주를 여행할 수 있을까? 이것은 1994년 멕시코의 물리학자 미겔 알큐비에레Miguel Alcubierre가 진지하게 제기한 질문이다. 공상 과학 마니아였던 그는 특수 상대성 이론에 모순되지 않으면서 제한 속도를 넘어서는 수학적 전략을 상상했다.

우리는 이미 이 책에서 빛의 속도보다 빠른 속도를 경험했다. 바로 멀리 떨어진 은하들이 서로 멀어지는 속도이다. 이는 은하 자체의 움직임이 아니라 은하를 분리하고 있는 공간이 확장하기 때문에 가능하다. 알큐비에레의 아이디어는 우주선의 앞쪽에 있는 공간은 수축시키고, 뒤쪽에 있는 공간은 확장시킴으로써 유사한 현상을 재현하는 것이었다. 그러면 우주선은 일종의 시공간 파동에 올라타서(223쪽 그림 참조) 빛의 속도를 초과할 수 있을 것이다.

웜홀과 마찬가지로 **알큐비에레 드라이브**Alcubierre drive는 실제로 일반 상대성 이론에 의해 허용되지만, 음의 질량을 갖는 물질의 존재를 필요로 한다. 이 미지의 물질은 시간을 거슬러 올라갈 수 있다는 매우 기적적인 특성을 가지는데, 그 덕분에 아무리 생각해도 불가능해 보이는 이 문제가 2008년 미군의 연구 대상이 되기도 했다.

중력파

거대한 충돌
초대형 간섭계
다중 신호 천문학

거대한 충돌

여정의 마지막 장에 도착한 당신에게 이제 더 이상 시공간의 탄력성을 증명할 필요는 없을 것 같다. 그 증거는 너무도 명백하다. 은하들 사이에 펼쳐진 시공간은 블랙홀의 중심에 구멍을 뚫을 때까지 무거운 물체들의 주위를 파고든다. 시공간의 탄성이 이 정도라면 연못의 수면처럼 진동하고 파동을 전파하는 것을 무엇이 막을 수 있을까? 1916년 이 생각을 처음 떠올린 사람 역시 일반 상대성 이론의 아버지, 알베르트 아인슈타인이었다.

시공간이 진동할 때

이름에서 알 수 있듯이 **중력파**는 무엇보다도 파동, 즉 매질의 변형이 전파하는 것이다. 우리는 이미 1장에서 연못 수면의 변형으로 발생하는 물결이나 공기층이 변화하여 콘서트 장에서 음파가 퍼져나가는 현상 등을 살펴보았다. 그렇다면 중력파는 어떻게 전파될까? 짐작했겠지만 중력파를 움직이게 하는 매질은 바로 시공간 그 자체이다.

4장에서 살펴본 것처럼, 시공간은 우리와 별과 은하가 진화하는 우주의 틀이다. 시공간은 만지거나 볼 수 없기 때문에 수면처럼 물질적이지 않은 4차원 표면이지만, 그 곡률은 그 안에 포함된 천체들의 움직임을 지배한다. 역으로 이 표면은 천체들의 존재에 의해 변형되어 우리가 중력이라고 부르는 현상을 일으킨다. 이러한 변형은 수면에서 발생하는 변형과 매우 유사하다.

중력파는 시공간의 진동이다. 일반 상대성 이론의 결과에 따르면, 중력파는 빛의 속도로 매우 빠르게 움직인다. 또 주목할 만한 사실은 이동 중에 만나는 물체의 영향을 받지 않는다는 것이다. 이것은 그동안 우리가 보았던 파동 현상, 즉 방파제가 파도를 막고 벽이 소리를 차단하고 거울이 빛을 반사하는 현상과는 다르다.

최초의 충격

연못에 조약돌을 던지면 잔물결이 생기듯, 모든 파동은 최초의 충격에서 시작된다. 그러나 중력파는 가속되는 질량의 존재로 인해 발생한다. 이런 의미에서 중력파는 다른 파동과 다르다.

물 위에서 일정한 속도로 움직이는 보트를 상상해 보자. 배가 가속하지 않더라도 보트의 양쪽에는 점차 멀어지는 물결이 생긴다. 하지만 중력파의 경우는 그렇지 않다. 일직선으로 이동하며 우주를 일정한 속도로 여행하는 우주선은 어떤 통과 흔적도 남기지 않는다. 하지만 이 우주선이 가속할 경우에는 중력파를 만들어 내는데, 중력파는 우주선의 뒤쪽뿐만 아니라 사방으로 퍼져 나간다.

중력자를 찾아서

파동이란 곧 입자를 의미한다. 빛의 성질을 정확하게 표현하는 이 말에는 양자 물리학의 기초가 숨어 있다. 전자기파는 입자인 광자와 관련이 있다. 비교적 덜 알려져 있지만 **포논**phonon은 결정격자의 진동과 관련된 입자이며 음파와 유사하다.

중력파의 존재를 예측한 일반 상대성 이론은 이를 **중력자**graviton라는 입자와 결합하고자 한다. 그러나 중력자는 관찰된 적이 없는 가상의 입자이며, 그 존재 여부는 일반 상대성 이론과 양자 물리학을 이을 이론을 탐구하는 끈 이론 전문가들 사이에서 뜨거운 논쟁의 대상이 되고 있다.

그래서 중력파는 무거운 물체가 가속할 때 발생한다. 그러나 중력파는 일반적으로 진폭이 매우 작기 때문에 식별할 수 있으려면 아주 빠르게 가속하는 거대한 물체여야 한다. 이것이 중력파를 관측하기까지 오랜 시간이 걸렸던 이유다. 영화 〈스타 워즈〉에 나오는 육중한 스타 디스트로이어 우주함선의 상상할 수 없는 가속 능력조차도 중력파 관측의 필요조건에 근접하기 어려울 정도다.

그러나 우주에는 존재할 수 있는 가장 무거운 물체와 가장 강력한 가속도를 특징으로 하는, 중력파를 방출하기에 특히 적합한 환경이 존재한다. 이전 장에서 살펴본 블랙홀이야말로 일반 상대성 이론의 가장 극단적인 사건들만 모여 있는 무대나 다름없다. 중력파를 생성하기 위해서는 하나가 아닌 두 개의 블랙홀이 필요하다.

블랙홀의 합체

두 블랙홀의 만남은 어떻게 이루어질까? 거대한 몸집의 두 블랙홀은 서로의 주위를 돌기 시작하면서 이른바 **쌍성 블랙홀**을 형성한다. 행성들이 서로 일정 거리를 유지하는 것과 달리, 블랙홀들은 너무 거대해서 중력파를 방출하면서 에너지를 잃는다.

그런 다음 두 블랙홀은 나선형을 그리며 서로 가까워진다. 거리가 가까워질수록, 가속도가 붙을수록, 그리고 방출되는 중력파가 강해질수록 두 블랙홀은 더욱 빠르게 가까워진다. 이 끔찍한 크레센도는 두 블랙홀의 사건 지평선들이 서로 닿을 만큼 충분히 가까워졌을 때 비로소 끝이 난다. 그런 다음 두 블랙홀은 급격하게 융합하여 하나의 블랙홀을 형성하는데, 이를 블랙홀의 **합체**라고 한다.

두 블랙홀이 합체하기 직전의 마지막 순간은 우리가 상상할 수 있는 가장 격렬한 장면일 것이다. 그 순간에 두 블랙홀의 속도는 거

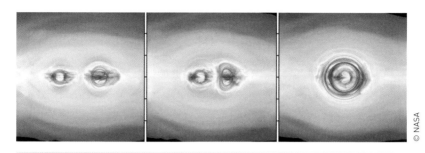

© NASA

나사 연구 팀이 시뮬레이션한, 물질 원반에 둘러싸인 두 블랙홀의 발레 모습. 사진 속 오른쪽 블랙홀이 반대편 블랙홀 앞을 지날 때 엄청난 중력 렌즈 효과를 관찰할 수 있다.

의 빛의 속도에 달할 만큼 빨라지고, 중력파의 세기와 진동수는 급격히 상승한다. 만일 이렇게 발생한 파동이 소리였다면 초고음으로 상승하는 소리일 것이다. 두 블랙홀이 융합할 때 방출되는 에너지는 관측 가능한 우주의 모든 별에서 방출되는 에너지를 합친 것보다 강력하다! 파동이라기보다는 우주를 뒤덮는 진정한 중력 쓰나미인 셈이다.

이 파동에 포함된 에너지는 두 블랙홀의 질량으로부터 바로 공급된다. 이는 두 개의 원자핵이 결합하는 핵융합과도 비슷한데, 융합한 블랙홀의 질량은 이전의 두 블랙홀의 질량을 합한 것보다 훨씬 작다. 감소한 질량은 에너지의 형태로 완전히 방출되어 중력파에 의해 운반된다.

우주의 등대

쌍성계가 중력파를 발생시키며 합체를 일으키려면 매우 무거운 두 물체로 구성되어야 한다. 블랙홀이 바로 이러한 경우이지만, 두 개의 **펄서**pulsar로 형성된 쌍성계에서도 유사한 현상이 관찰될 수 있다. 펄서는 매우 강력하고 집중된 광선을 방출하는 중성자별이다. 바다에서 바라보는 등대의 불빛처럼, 펄서가 회전하며 내뿜는 빛은 일정한 간격으로 지구에와 닿는다.

중력파를 방출하는 두 펄서의 쌍성은 에너지를 잃고 점점 빠른 속도로 회전한다. 이 현상은 섬광의 진동수 변화를 통해 지구에서 관찰할 수 있는데, 1979년 미국의 천체 물리학자 러셀 헐스Russel Hulse와 조지프 테일러Joseph Taylor가 처음 발견했다. 그들의 관측은 중력파의 존재에 관한 최초의 간접적인 증거가 되었고, 중력파가 직접 관측되기 훨씬 전인 1993년 두 사람에게 노벨 물리학상을 안겨 주었다.

초대형 간섭계

블랙홀의 합체는 아주 드물며 지구에서 멀리 떨어진 곳에서 일어나는 사건이다. 최초로 감지된 케이스는 지구로부터 10억 광년 떨어진 곳에서 일어난 것이었다. 블랙홀이 합체하면서 발생한 중력파에 포함된 에너지가 아무리 대규모라고 해도 거리에 따라 감소하므로, 지구에서 중력파를 감지하는 일은 달에서 속삭이는 소리를 듣는 것과 다름이 없다. 멀리 떨어진 소리를 듣기 위해서는 세상에서 가장 민감한 귀가 있어야 한다. 바로 초대형 간섭계다.

간섭계의 귀환

시공간의 급격한 동요를 감지하기 위해 현재 사용하는 간섭계를 설명하기에 앞서, 1장에서 이야기했던 1887년 마이컬슨과 몰리의 실험으로 거슬러 올라가 간섭계의 원리를 떠올려 보자.

간섭계는 동일한 길이의 두 수직 암arm을 갖는 장치로, 두 암을 따라 빛이 왕복하는 데 걸리는 시간 차이를 아주 정확하게 측정한다. 마이컬슨과 몰리의 실험에서 이 장치를 사용한 목적은 빛의 잠재적인 속도 차이를 밝혀내려던 것이었지만, 앞서 보았듯이 결과는 부정적이었다. 빛이 모든 방향으로 동일한 속도로 퍼져 나갔기 때문이다.

그렇다면 이 간섭계는 무엇에 소용되며, 무엇보다 중력파와는 어떤 관계일까? 앞서 설명했듯이 중력파는 시공간의 파동이다. 중력파가 통과하는 동안 존재하는 모든 물체는 물결이 지나갈 때 배가 오르락내리락하는 것과 같은 방식으로 수축되었다가 팽창한다.

구체적으로 말하면 간섭계의 두 수직 암은 중력파가 지구를 가로지를 때 짧아졌다가 길어진다. 하지만 두 암이 수직으로 위치해 동시에 영향을 받지 않으므로 잠시 동안 두 암은 더 이상 정확하게 동일한 길이를 측정하지 않는다! 길이 차이는 아주 근소하다. 우리로서는 다행스럽게도 이 파동은 간섭계를 통과하는 만큼만 우리 몸을 통과한다. 이 근소한 차이를 탐지하기 위해 물리학자들에게는 암의 길이가 각각 10미터인 마이컬슨과 몰리의 간섭계보다 훨씬 우수한 성능의 초정밀 간섭계가 필요하다. 더 크게 생각하고, 그에 따라 암을 늘려야 하는 것이다.

미국에서 토스카나까지

초대형 간섭계 구축은 레이저 간섭계 중력파 관측소_{Laser Interferometer} Gravitational-Wave Observatory, 일명 라이고_{LIGO} 프로젝트에 의해 수행된 도박이다. 한 대가 끝이 아니다! 간섭계 한 대로 파동을 충분히 탐지할 수 있다고 하더라도 하늘에서 파동의 근원을 찾아내기 위해서는 여러 대의 간섭계가 필요하다. 한쪽 귀로만 들어서는 소리가 어디에서 발생했는지 알기 어려울 테니까!

라이고 프로젝트는 필요한 자금을 확보하기 위해 오랜 시간을 보낸 끝에 1990년대에 최초의 초대형 간섭기 두 대를 미국의 워싱턴주와 루이지애나주에 각각 한 대씩 구축했다. 유럽의 중력파 검출기 비르고 Virgo와의 협업도 이탈리아 피사 근처에 세 번째 초대형 간섭계를 구축함으로써 그 초석을 다졌다.

세 대의 초대형 간섭계는 그 이름에 걸맞게 암의 길이가 거의 4킬로미터에 달한다! 간섭계들은 길이의 차이를 10^{-18}미터, 즉 원자 크기의 10억 분의 1에 해당하는 오차 이내에서 측정할 수 있다. 이는 지구와 태양 사이의 거리를 원자 크기의 오차 범위 이내로 측정하는 것과 마찬가지이다!

이러한 정밀도를 달성하기 위해서 물리학자들은 암 끝에 있는 거울을 주변 소음으로부터 가능한 한 멀리 떨어뜨려 놓아야 했다. 간섭계는 땅 위에 놓여 있기 때문에 미세 지진이나 인근 농장의 트랙터 운행으로 인한 미세한 진동에도 민감하게 반응한다. 비르고의

워싱턴주(1), 루이지애나주(2), 토스카나 (3)에 설치되어 있는 라이고-비르고 프 로젝트의 초대형 간섭계.

간섭계는 지중해 연안의 부서지는 파도 소리를 토스카나에서 '들을' 정도로 민감하다! 이러한 혼선을 방지하기 위해 '슈퍼 감쇠기'라고 불리는 구조가 작동한다.

또한 공기 분자가 빛의 경로를 방해할 수 있기 때문에 킬로미터 길이의 두 암은 진공관의 한쪽 끝에서 시작한다. 이 간섭계가 시공 간의 속삭임을 듣기 위해서는 절대적인 침묵이 필요하다.

역사적인 발견

이러한 기술적인 진보와 성과 덕분에 라이고-비르고 프로젝트는 10

년 동안의 실패 끝에 2015년 9월 14일 마침내 처음으로 중력파를 감지했다. 관측 날짜에서 이름을 따와 GW150914라고 명명된 이 위대한 발견은 아인슈타인 이론의 새로운 성취였다.

이 프로젝트에 참여한 연구자들과 엔지니어들은 너무 빨리 승전보를 울리지 않도록 신중을 기했다. 2016년 2월 16일 관측 사실이 공식 발표될 때까지 관계자들 외에는 아무에게도 그 사실이 알려지지 않았다. 이 5개월 동안 연구자들은 간섭계 장치가 잘 작동하는지 확인하고 수백 번 계산을 반복하며, 화면에 기록된 떨림이 자신들이 예측한 것과 일치하는지 확인하기 위해서 수천 가지 조치를 취했다.

그들의 치밀하고 섬세한 작업과 수많은 이론가의 작업 덕분에 우리는 메아리가 측정된 그날의 결과를 정확히 파악할 수 있다. 이 파동은 지구에서 13억 광년 떨어진 두 블랙홀이 융합하며 발생한 것이다. 다시 말하면, 이 융합으로 발생한 파동이 13억 년 동안 날아와 지구에 닿은 것이다. 문제의 두 블랙홀은 각각 태양보다 36배와 29배 더 무거웠고, 수백만 년 동안 서로의 주위를 맴돌았으며, 융합되기 직전에는 빛 속도의 60퍼센트에 도달했다. 두 블랙홀의 합체로 태양보다 62배 무거운 블랙홀이 탄생했는데, 이는 두 블랙홀의 질량의 합보다 작은 수치이다. 세 개의 태양에 해당하는 사라진 질량은 중력파의 형태로 방출되어 아인슈타인의 또 다른 위대한 법칙인 $E=mc^2$를 거대 규모에서 확증했다!

이 발견은 사건 지평선 망원경보다 4년 앞서서 블랙홀 존재에 관한 최초의 직접적인 증거를 제시했다는 점에서 역사적인 사건으로 평가받는다. GW150914는 또한 일반 상대성 이론을 확인하는 증거이기도 하다. 참새가 지저귀듯이 기록된 소리는 프랑스의 두 선구자 뤼크 블랑쉐Luc Blanchet와 티보 다무르Thibault Damour가 예측한 내용과도 완벽하게 일치한다.

탐지 과정의 주요 인물인 라이너 바이스Rainer Weiss, 배리 배리시Barry Barish, 킵 손은 2017년 노벨 물리학상을 공동 수상하였다. 이 사건과 그에 따른 과학적 반향을 생각해 보면 전혀 놀라운 일이 아니다.

우주의 부표

우주의 신호인 펄서를 기반으로 하여 중력파를 탐지하는 또 다른 방법에 대해 간단히 살펴보자. 아름답기까지 한 이 구상은 다음과 같이 설명할 수 있다. 부표 세트를 바다에 놓는다. 파도가 밀려오면 부표들은 차례로 오르내리며 파동의 통과를 거스른다. 같은 원리가 중력파 탐지에 활용될 수 있다. 펄서 네트워크의 소용돌이를 관찰하는 것이다. 펄서가 보내는 빛 섬광의 메트로놈과도 같은 규칙성 덕분에 우리는 이 소용돌이의 아주 작은 움직임도 정확하게 감지할 수 있다.

이 방법은 아직까지 성과를 보이지 않았지만, 미래에는 오늘날 우리가 듣는 것보다 훨씬 큰 규모의 시공간 파동을 감지할 수 있게 해 줄 것이다.

다중 신호 천문학

GW150914 발견은 알베르트 아인슈타인의 일반 상대성 이론 발표 100주년을 찬란하게 축하하는 동시에 그의 이론을 또 다른 성공으로 장식했다. 하지만 중력파 탐지의 가치는 그보다 훨씬 거대하다. 천문학 역사의 새로운 장인 다중 신호 천문학의 시작을 열었기 때문이다.

하늘을 바라보다

우주에는 냄새도 맛도 없다. 텅 빈 진공 상태여서 소리도 퍼지지 않는다. 인간의 다섯 가지 감각 중 우주를 관찰하고 이해할 수 있는 감각은 시각뿐이다. 그래서 우리는 자연스럽게 빛에 관심을 갖게 된다. 수천 년의 과학적, 기술적 진보 이후 우리는 빛을 이해하고 분석하여 그 안에 숨겨진 정보를 추출하고 해석하는 기술을 습득하였다.

아마도 가장 중요한 핵심은 관측과 분석일 것이다. 대체 우리는 멀리 떨어져 있는 천체의 질량을 어떻게 측정할까? 망원경으로 천체의 움직임을 정밀하게 관찰하고, 운동 법칙을 적용하여 질량을 측정한다. 명왕성이 영하 228도의 얼음덩어리 같은 질소층을 갖고 있다는 사실은 어떻게 알아냈을까? 인간이 만든 어떤 사물도 그곳에 상륙한 적이 없고 온도계로 직접 측정한 적도 없는데 말이다. 그러나 우리는 명왕성이 지구로 보내는 빛을 분석하여 그 안에 담긴 정보를 끌어내는 방법을 알고 있다. 5장에서 보았듯이, 빛은 그 근원과 특성을 모호하지 않게 기록한 진정한 천문학의 바코드다.

하늘에 귀를 기울이다

따라서 현대 천문학은 빛으로부터 매우 효율적으로 정보를 추출한다. 하지만 빛의 파동이 하늘을 가득 채우고 있는 유일한 파동은 아니다. 일반 상대성 이론의 개념적 혁명과 새 천년 초기의 초대형 간섭계라는 기술적 진보 덕분에 우리는 중력파를 관찰하고 해독할 수 있게 되었다. 이것은 완전히 새로운 종류의 신호이다. 빛이 전자기 진동이라면, 중력파는 우리 우주의 가장 깊숙한 구조인 시공간의 진동이다.

중력파 관측은 천문학에 또 다른 기여를 했다. 지금까지는 망원경이라는 '거대한 눈'에만 의존해 왔다면, 이제는 초대형 간섭계라는 '거대한 귀'로 우주의 진동을 '들을' 수 있게 된 것이다.

왜 이것이 혁명적일까? 첫째, 어떤 사건들은 빛보다 중력파로 관찰하는 것이 더 쉽다. 멀리 떨어져 있는 블랙홀의 합체가 바로 그 경우다. 둘째, 어떤 경우에는 빛이 없을 때도 있다! 세 번째 여행에서 이야기한 것처럼, 우주는 빅뱅과 그 후 38만 년 동안 불투명한 상태였다. 그렇기 때문에 중력파만이 원시적인 우주의 어둠으로부터 우리에게 도달할 수 있다.

LISA 프로젝트

허블 망원경은 1990년에 최초로 지구 대기권 너머로 보내졌다. 그렇다면 초대형 간섭계도 우주로 보낼 수 있을까? 놀랍게도 대답은 '그렇다'이다! 2032년으로 예정된 레이저 간섭계 우주 안테나Laser Interferometer Space Antenna, LISA의 목표는 우주에 초대형 간섭계를 설치하는 것이다. 물론 라이고의 지상 간섭계만큼 거대한 물체를 보내지는 못한다.

다행히도 간섭계의 암들이 들어 있는 진공관은 이미 본질적으로 진공인 우주에서는 더 이상 필요하지 않다. 우주 간섭계는 태양 주위를 돌며 서로 레이저 빔을 교환하는, 각각의 암의 길이가 약 200만 킬로미터에 달하는 대형 삼각형을 형성하는 세 개의 작은 위성으로 구성될 예정이다. 200만 킬로미터 떨어진 거리에서 단 몇 미터의 목표물을 조준하려면 그만큼 정확해야 할 것이다. 이 우주 간섭계는 빅뱅 직후에 방출된 시공간의 진동을 측정하기 위해 특별히 거대한 규모로 설치될 것이기 때문에, GW150914 관측보다 훨씬 미세한 중력파를 감지할 수 있을 것이다.

손에 손 잡고

소믈리에가 최고급 와인을 감별하기 위해 코와 미각을 동시에 사용하듯, 천문학자들도 빛 파동에 관한 고전적인 연구와 함께 중력파를 활용하는 데 모든 관심을 쏟는다. 이를 **다중 신호 천문학**이라고 한다. 운 좋게도 두 파동은 빛의 속도로 이동하며 (거의) 동시에 우리에게 도달한다. 중력파의 전파 속도가 조금이라도 다르다면 그것들을 분석에 통합 적용하는 것은 영상과 소리가 몇 분씩이나 어긋난 영화를 보는 것처럼 혼란스러울 터이다!

이 새로운 형태의 천문학은 단지 전망이 아니라, 이미 매우 현실적인 수준에서 수행되고 있다. 2017년 8월 17일, 라이고-비르고 프로젝트는 우리 은하에서 1억3000만 광년 떨어진 두 중성자별의 합체로 인해 발생한 중력파가 통과하는 것을 기록했다.

이 융합에서 발생한 빛은 70개 이상의 지상 연구소에서 관측되었고, 모든 진동수 영역에서 분석이 이루어졌다. 6장에서 살펴보았던 감마선의 짧은 섬광인 감마선 폭발은 페르미 우주 망원경으로 동시에 관측되었다. 미국 뉴멕시코주에 있는 대형 지상 전파 간섭계인 장기선 간섭계 Very Large Array, VLA는 전파 펄스를 기록했다. 그리고 마지막으로, 가시광선 영역에 관심을 갖고 있는 허블 우주 망원경은 **킬로노바**(오른쪽 사진 참조)로 불리는 융합으로 인한 폭연을 약 40시간 동안 촬영했다.

중력파가 처음 관측되고부터 2년 후에 일어난 또 하나의 새로운 역사적 사건인 GW170817은 천문학에서 접근 방식의 상보성을 증명하며, 우리 우주에 대한 더 깊고 날카로운 이해가 이루어질 것을 예견했다. 천문학의 황금기가 우리 눈앞에 펼쳐지려 하고 있다.

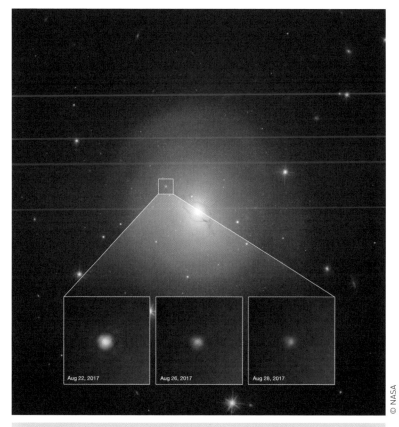

허블 망원경이 촬영한 중성자별의 충돌로 발생한 킬로노바(GW170817). 며칠에 걸쳐 우주에서 사라지는 모습을 볼 수 있다.

여행을 마치며

숨 가쁘게 달려온 당신에게 이 책을 쓰게 된 이유인 두 가지 근본적인 질문을 다시 던질 때가 된 것 같다. 공간이란 무엇인가? 시간이란 무엇인가? 선험적으로 비물질적이고 거의 형이상학적인 이 두 개념은 상대성 이론과 만나 비로소 생명을 얻고 물리학의 중심으로 들어온다. 공간은 사물을 그리는 빈 도화지가 아니며, 시간은 단일한 과거에서 단일한 미래로 이어지는 보편적인 흐름이 아니다. 공간과 시간은 시공간이라는 이름으로 구체화된 유연한 객체를 형성한다. 시공간은 우주에서 벌어지는 사건들을 담는 것에서 그치지 않는다. 사건들을 조정하고, 사건들에 반응하며, 그 자체로서 살아 있다. 따라서 매끄러운 도화지 위의 그림은 변형될 수 있고, 변형되는 도화지 위의 그림이어야 한다.

시공간을 중력으로 표현한다면, 그것을 '사물'이라고까지 말할 수 있을까? 결코 아니다. 시공간은 지금 당신이 손에 들고 있는 이 책처럼 매우 특정한 위치를 차지하는 물질적인 무언가가 아니다. 우리가 때때로 언급한 물리학의 또 하나의 거대 기둥인 양자 이론에 의하면 이 책은 원자로 구성되어 있다. 양자 이론에서 물질은 비물질화한다. 원자는 가장자리가 뚜렷한 입자가 아닌, 흩어진 구름과 같은 것이다.

요컨대 시공간과 그 안에 포함된 물체들은 우리가 관찰하는 현실을 형성하기 위해 서로 겹쳐지는 거미줄이다. 여기서 우리는 우리 지식의 한계에 다다른다. 이 거미줄은 20세기의 위대한 두 이론인 일반 상대성 이론과 양자 물리학에 의해 각각 묘사되지만, 현재 두 이론은 잘 융화되지 않고 있다.

이렇게 설명하면 자연은 이 책에서 여행의 시작을 알렸던 물리학자 리처드 파인먼의 인용문에서 묘사된 바와 같이, 기이하고 심지어 부조리한 것처럼 보일 수도 있다. 그러나 바로 이러한 부조리가 과학을 움직이는 힘이다. 이것이 물리학자가 지식의 섬을 넓히고 누구도 맛보지 못한 비우호적인 바다에 몸을 담그기 위해 해안에서 먼 곳으로 나아가도록 하는 원동력이다. 물리학자는 언덕 위로 바위를 밀어 올리는 즉시 다시 굴러떨어지는 모습을 바라보아야 하는 시시포스처럼 끝없이 펼쳐진 대양에서 땅을 일궈야 하는 운명을 지닌 자들이다. 그럼에도 시시포스는 행복하다고 말했던 카뮈의 말을 떠올리며, 행복한 물리학자를 상상해 본다.

참고 문헌

*한국어판이 있는 도서는 한국어(영문명) 순으로 적었습니다. 한국어판 또는 영문판이 존재하지 않는 프랑스 도서는 프랑스명(가제) 순으로 적었습니다.

일반 서적

- 시간의 역사(A Brief History of Time), 스티븐 호킹, 1988

- 시간은 흐르지 않는다(L'Ordre du temps), 카를로 로벨리, 2018

- 나는 세상을 어떻게 보는가(The World As I See It), 알베르트 아인슈타인, 1949

- 플랫랜드(Flatland: A Romance of Many Dimensions), 에드윈 A. 애보트, 1884

- Discours sur l'origine de l'Univers(가제: 우주의 기원), 에티엔 클랭, 2010

- LÉcume de l'espace-temps(가제: 시공간의 거품), 장 피에르 뤼미네, 2020

- L'Univers chiffonné(가제: 구겨진 우주), 장 피에르 뤼미네, 2001

심화 서적

- Relativity: The Special and General Theory, 알베르트 아인슈타인, 1920
- Qu'est-ce que la gravité ? Le grand défi de la physique(가제: 중력이란 무엇인가? 물리학의 위대한 도전), 필립 브락스; 피에르 반호프; 에티엔 클랭, 2019

전문 서적

- General Relativity, 로버트 왈드, 1984
- Gravitation, 찰스 W. 미스너, 1973

유튜브 체널

영어 채널

- PBS Space Time.
- Kurzgesagt.
- Veritasium.
- Minute Physics.

프랑스어 채널

- Science étonnante.
- ScienceClic.

찾아보기

처음 떠나는 시공간 여행

초판 인쇄 | 2023년 7월 20일
초판 발행 | 2023년 7월 25일

지은이 | 스테판 다스콜리 · 아르튀르 투아티
옮긴이 | 손윤지
펴낸이 | 조승식
펴낸곳 | 도서출판 북스힐
등록 | 1998년 7월 28일 제22-457호
주소 | 서울시 강북구 한천로 153길 17
전화 | 02-994-0071
팩스 | 02-994-0073
블로그 | blog.naver.com/booksgogo
이메일 | bookshill@bookshill.com

값 18,000원
ISBN 979-11-5971-505-1

* 잘못된 책은 구입하신 서점에서 교환해 드립니다.